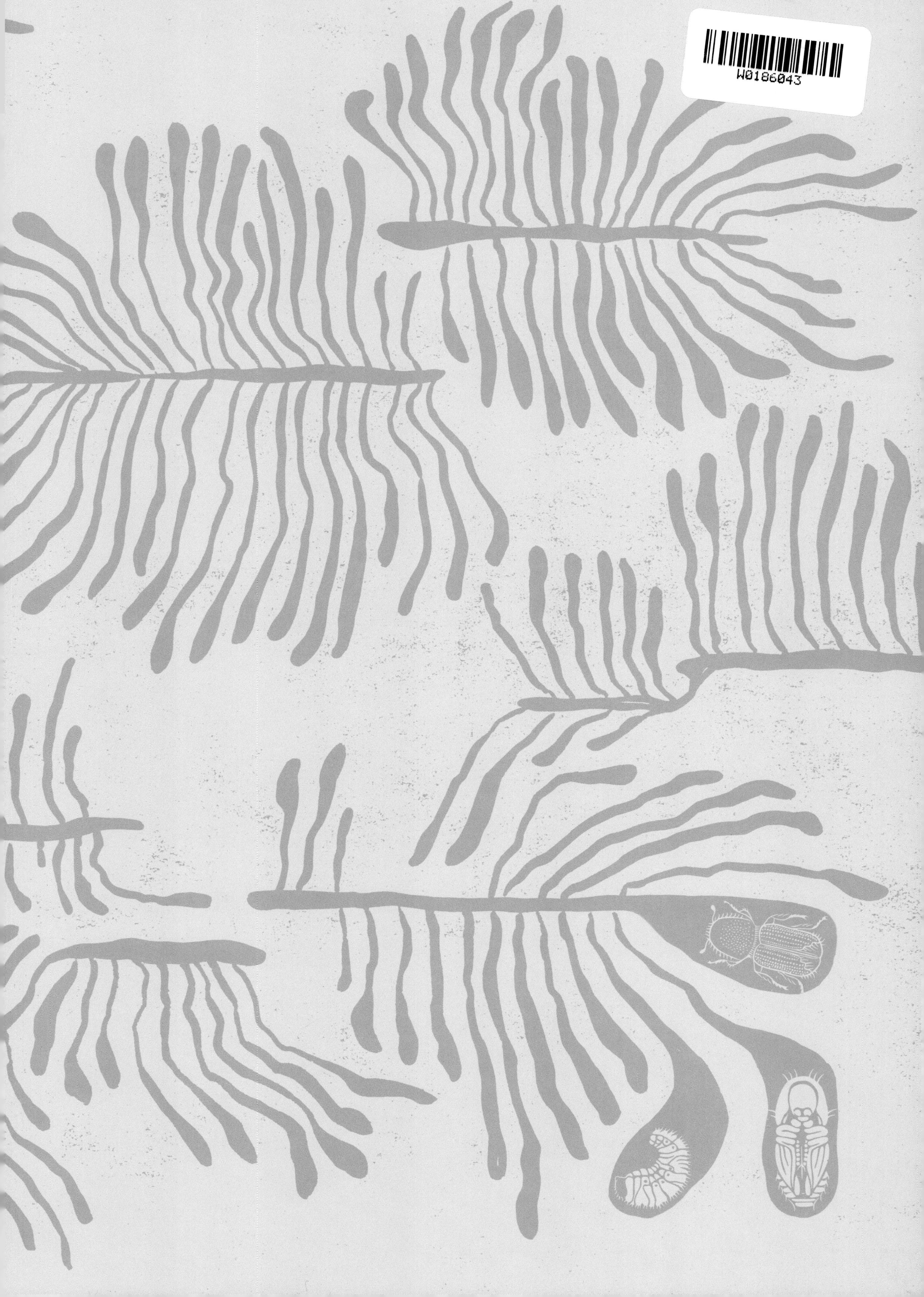

© ILLUSTRATIONS :
Merlijne Marell (merlijnemarell.nl)

© TEXTE :
Geert-Jan Roebers (roebers.nl)

CONCEPTION GRAPHIQUE :
Studio Lannoo (Nele Reyniers)

TRADUCTION DU NÉERLANDAIS :
Catherine Tron-Mulder

GrandPalaisRmnÉditions

Directrice des éditions
Sophie Laporte

Cheffe du département du livre
Claire Bonnevie

Responsable d'édition
Anne-Sophie Grouhel-Le Tellec

Correctrice
Aurélie Blanchard-Joiris

Mise en pages de la version française
Catherine Enault

NOM FRANÇAIS DE L'ESPÈCE : bostryche typographe
NOM SCIENTIFIQUE : *Ips typographus*
HABITAT : forêts de conifères d'Europe et d'Asie
HABITAT DE LA LARVE : sous l'écorce des épicéas
NOMBRE D'ŒUFS : entre 30 et 80
STADE LARVAIRE : environ 1 mois*
LONGUEUR DE LA LARVE : jusqu'à 6 mm
STADE NYMPHAL : environ 2 semaines*
LONGÉVITÉ DE L'ADULTE : environ 1 mois*
LONGUEUR DE L'ADULTE : environ 5 mm
* Plus pour les individus qui hivernent.

Titre original : *Metamorfose*. Traduit du néerlandais
www.lannoo.com

Achevé d'imprimé : août 2025
Dépôt légal : août 2025
Loi n° 49-956 du 16 juillet 1949 sur les publications destinées
à la jeunesse, modifiée par la loi n° 2011-525 du 17 mai 2011 : août 2025
ISBN : 978-2-7118-8145-1
JK 29 8145

Geert-Jan Roebers

Merlijne Marell

métamorphoses

À la découverte des animaux qui se transforment

GrandPalais RmnÉditions

Sommaire

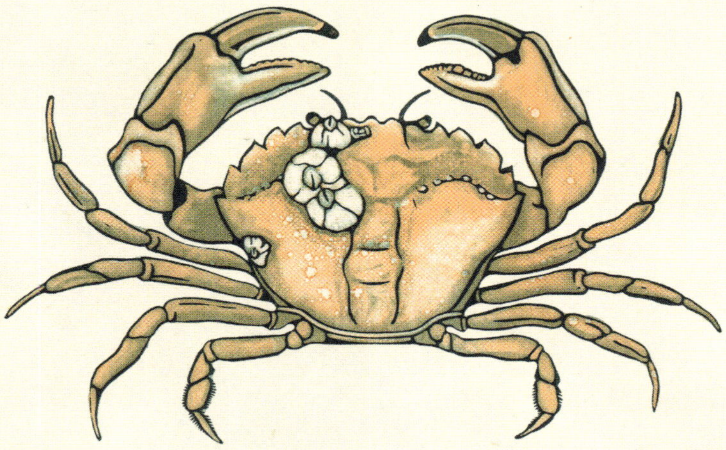

Un monde plein de surprises

Le monde animal est encore plus foisonnant que tu ne l'imagines. Tu sais peut-être qu'avant de se transformer en papillon, une chenille change quatre ou cinq fois de peau, puis devient une chrysalide. En l'observant à ces différentes étapes de sa vie, on pourrait croire qu'il ne s'agit pas d'un individu de la même espèce.

En effet, les insectes, les crustacés, les mollusques, les amphibiens et d'autres animaux passent par plusieurs stades de développement au cours de leur existence. Si tu ne les connais que sous leur aspect d'adulte, tu risques de ne pas reconnaître leurs larves, et inversement. On appelle ces transformations des métamorphoses* – un mot mystérieux et un beau titre pour ce livre.

Même s'il ne s'agit pas de métamorphoses au sens biologique, beaucoup d'animaux – dont l'être humain – se transforment aussi en grandissant. Dans ce livre, tu découvriras comment un oisillon déplumé devient un perroquet multicolore, ou une minuscule créature rose, un énorme panda à l'épaisse fourrure. Par ailleurs, de nombreux animaux changent de pelage ou de plumage selon la saison, et d'autres sont capables de prendre un aspect différent comme par magie. Il existe donc bien plus de variations de forme, de couleur ou d'aspect que d'espèces animales.

Ce livre présente en mots et en images des transformations toutes plus étonnantes les unes que les autres, qui révèlent l'inépuisable richesse du monde animal.

Bonne découverte !

* Changements brusques de forme et de structure qui se produisent dans l'organisme d'un animal au cours de son développement.

L'aurélie ou méduse commune

Tu trouves que les méduses sont des animaux étranges ? Tu n'as pas encore vu leurs petits ! Ceux-ci tourbillonnent dans la mer avant de se fixer sur un support, empilés sur leurs frères et sœurs.

L'ŒUF

Chez la plupart des méduses, la fécondation des ovules se fait en pleine mer, mais l'aurélie ou méduse commune* – reconnaissable au trèfle à quatre feuilles qui orne son ombrelle – est une mère plus attentive. Elle garde ses œufs fécondés dans des poches situées sur ses tentacules buccaux (qui entourent sa bouche). Ces œufs ne sont pas entourés d'une coquille comme ceux des poules, mais d'une membrane souple.

LA LARVE

Au bout d'un peu plus d'une semaine, l'embryon est devenu une larve ovale et plate, plus petite qu'un grain de sable, qui est appelée planula. Elle ne ressemble pas encore à grand-chose, et surtout pas à une méduse adulte. Au microscope, on distingue les minuscules cils ondulants qui lui servent de rames. La larve quitte les bras protecteurs de sa mère et nage pendant plusieurs jours sans manger, jusqu'à ce qu'elle trouve un endroit abrité sur un support solide, où elle se fixe.

LE POLYPE

Quelque temps plus tard, l'extrémité libre de son corps s'ouvre pour former sa bouche, autour de laquelle poussent de longs tentacules. La planula est devenue un polype, qui va se nourrir en capturant dans ses tentacules des animaux marins microscopiques.

* Bon à savoir : la piqûre de la méduse commune n'est pas dangereuse.

L'ÉPHYRULE

Le polype se développe – tout est relatif, car il ne dépassera guère un centimètre de haut – pour devenir un strobile divisé en plusieurs individus, ce qui le fait ressembler à une pile d'assiettes branlantes. Les éphyrules (jeunes méduses), grosses de quelques millimètres, se détachent l'une après l'autre et s'éloignent à la nage.

LA MÉDUSE JUVÉNILE ET ADULTE

La petite méduse ressemble à un cristal de glace, mais avec huit pointes au lieu de six. Petit à petit, son corps s'arrondit et s'épaissit. Lorsqu'elle atteint quelques centimètres de diamètre, un trèfle à quatre feuilles apparaît sur son corps en forme de soucoupe : ce sont ses organes reproducteurs. La méduse est devenue adulte.

NOM FRANÇAIS DE L'ESPÈCE : aurélie | **NOM SCIENTIFIQUE :** *Aurelia aurita* | **AIRE DE RÉPARTITION :** toutes les mers du monde, surtout le long des côtes | **NOMBRE D'ŒUFS :** des centaines de milliers | **STADE LARVAIRE :** jusqu'à 10 jours **LONGUEUR DE LA LARVE :** 0,5 mm | **STADE POLYPE :** environ 6 mois | **LONGÉVITÉ DE L'ADULTE :** de 4 à 8 mois **DIAMÈTRE DE L'ADULTE :** jusqu'à 40 cm

RELATION À DISTANCE

Les méduses n'ont pas besoin de se rencontrer pour se reproduire. Le mâle libère de très nombreux spermatozoïdes dans l'eau. La femelle récupère dans sa bouche ceux qui passent à sa portée et qui iront féconder les ovules dans son estomac.

L'étoile de mer commune

Avant de prendre la belle forme étoilée que tu connais bien, cet animal ressemble d'abord à un haricot emporté par le courant, puis à une drôle de créature accrochée à un support.

L'ŒUF

L'ovule de l'étoile de mer, aussi petit et encore moins lourd qu'un grain de sable, dérive avec le courant. C'est souvent loin des parents qu'un spermatozoïde vient le féconder.

UNE LARVE NAGEUSE

L'œuf devient une minuscule larve en force de haricot. Des milliers de cils ondulants disposés en bandes lui permettent de nager mais aussi de porter à sa bouche des micro-algues, qu'elle digère dans son intestin très court. Elle évacue le reste par le plus petit anus qu'on puisse imaginer. Elle mange, grossit et se transforme. Son corps commence à former des protubérances.

LE GRAND JOUR
Au printemps, les étoiles de mer échangent des signaux grâce à des phéromones (substances odorantes) pour se synchroniser. À peu près en même temps, chaque femelle libère plus de deux millions d'ovules et, chaque mâle, des milliards de spermatozoïdes. La fécondation a lieu en pleine eau, bien loin du fond où vivent les parents.

NOM FRANÇAIS DE L'ESPÈCE : étoile de mer commune | **NOM SCIENTIFIQUE :** *Asterias rubens* | **AIRE DE RÉPARTITION :** océan Atlantique nord, surtout le long des côtes | **NOMBRE D'ŒUFS :** environ 2,5 millions | **STADE LARVAIRE :** environ 3 mois | **LONGUEUR DE LA LARVE :** jusqu'à 2,5 mm | **LONGÉVITÉ DE L'ADULTE :** jusqu'à 8 ans | **DIAMÈTRE DE L'ADULTE :** jusqu'à 30 cm

UNE LARVE FIXÉE

Si elle a la chance d'échapper aux prédateurs, la larve continue de grossir – sans guère dépasser un millimètre de long. Près de sa bouche se développent deux bras, de part et d'autre d'une sorte de ventouse. La larve cherche un support solide au fond de la mer, s'y cramponne avec ses bras et y applique sa ventouse. La voilà fixée !

L'ÉTOILE JUVÉNILE

La bouche de la larve étant collée contre le support, elle ne sert plus et tout le système digestif devient inutile. La larve ne se nourrit plus ni ne grossit plus, mais le haut de son corps commence à se transformer, avec l'apparition de cinq pointes qui – tu l'auras deviné – formeront les bras de l'étoile adulte. Sur l'une de ses faces se développe la bouche, sur l'autre, l'anus, les deux étant reliés par l'estomac et l'intestin. L'étoile juvénile finit par se détacher de son support et s'éloigne en rampant sur le fond. Elle ne mesure encore qu'un millimètre de diamètre, mais c'est déjà une vraie étoile de mer.

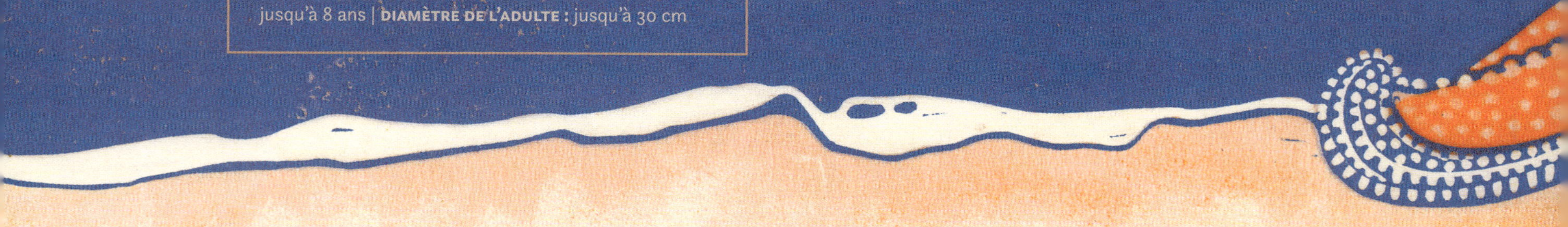

Le crabe vert

Savais-tu que les crabes que tu vois marcher sur la plage ont commencé leur vie sous la forme de larves à la tête pointue ?

L'ŒUF

Je vais te dire un secret : les crabes ont une queue ! On ne la voit pas parce qu'elle est plate et repliée contre leur carapace. Chez la femelle, elle est plus large que chez le mâle et a une fonction particulière : après l'accouplement en eau peu profonde, la femelle s'enfonce dans la mer en emportant tout un tas d'œufs fécondés. Elle se sert de sa queue comme panier à œufs. Malin, non ?

LA LARVE ZOÉ

Ce qui sort d'un œuf de crabe ne ressemble pas du tout à l'animal adulte. C'est une créature transparente avec de gros yeux et deux prolongements pointus, appelée larve prézoé, puis larve zoé après la première mue. Tout en modifiant la profondeur à laquelle elle se trouve grâce à ses deux premières paires de pattes, elle se laisse emporter par le courant vers le large, où elle va vivre au milieu du plancton. Elle mange et grossit. Lorsque sa carapace devient trop serrée, elle s'en débarrasse et en produit une autre : on dit qu'elle mue. Elle passe donc de la taille grain de sable au format pou, mais conserve encore sa drôle de tête pointue. Après une quatrième mue, la zoé se laisse ramener vers la côte par les vagues.

DES AMOUREUX PATIENTS

La femelle ne peut s'accoupler que juste après avoir mué, lorsque sa peau est souple et molle. Au moment propice, elle produit des substances odorantes qui attirent les mâles. Le premier qui arrive monte sur la femelle pour empêcher ses rivaux de prendre sa place, puis il attend patiemment que sa partenaire ait perdu sa carapace pour pouvoir s'accoupler.

LA LARVE MÉGALOPE

La zoé mue une cinquième fois pour se transformer en larve mégalope*. Elle a perdu ses deux pointes et a maintenant un large céphalothorax (tête et thorax soudés), dix pattes (les deux premières étant dotées de pinces), une queue étroite et deux énormes yeux au bout d'un pédoncule (support mince et allongé). À part la queue, elle ressemble déjà beaucoup à un crabe adulte et rampe sur le fond de la mer.

PETIT CRABE DEVIENDRA GRAND

Après sa première mue, la larve mégalope devient un vrai petit crabe avec la queue plaquée contre son abdomen. Il devra encore changer au moins dix fois de carapace avant d'être adulte. Après chaque mue, le corps du crabe reste mou pendant quelques jours : c'est donc une période dangereuse où il est très vulnérable.

NOM FRANÇAIS DE L'ESPÈCE : crabe vert | **NOM SCIENTIFIQUE :** *Carcinus maenas* | **HABITAT :** à l'origine, eaux côtières d'Europe et du nord-ouest de l'Afrique ; désormais introduit par l'homme dans d'autres continents | **NOMBRE D'ŒUFS :** jusqu'à 200 000 **STADE LARVAIRE :** de quelques semaines à quelques mois **LONGUEUR LARVE ZOÉ :** jusqu'à 3 mm | **LONGUEUR LARVE MÉGALOPE :** 3 mm | **LONGÉVITÉ DE L'ADULTE :** jusqu'à 7 ans **LARGEUR DE LA CARAPACE :** jusqu'à 9 cm (mâle)

* Du grec « gros œil ».

Jeunesse nomade

Beaucoup d'animaux marins commencent leur vie en se laissant porter par le courant. En grandissant, ils se transforment et la plupart d'entre eux perdent aussi leur envie de voyager.

Les larves de la plupart des poissons, des crustacés, des méduses et de bien d'autres habitants des mers font partie du plancton. Ces étranges créatures dérivent ou nagent dans l'eau, où elles se nourrissent d'algues ou d'animaux encore plus petits qu'elles. Emportées par le courant, elles parcourent les mers et les océans, mais peuvent souvent choisir la profondeur à laquelle elles évoluent. La nuit, elles remontent en masse vers la surface, avant de redescendre au petit matin, pour plus de sécurité, vers l'obscurité permanente des profondeurs.

Lorsqu'elles deviennent adultes, les larves changent non seulement d'aspect, mais aussi de mode de vie : certains animaux nagent librement, d'autres rampent lentement sur le fond. D'autres encore, après leur jeunesse nomade, se fixent définitivement sur un support.

ASCIDIE (LARVE)
MADRÉPORE (LARVE)
CRÉVETTE-MANTE (LARVE)
ANÉMONE DE MER (LARVE)
THON (LARVE)
POISSON COFFRE (LARVE)
OPHIURE (LARVE)
OPHIURE
ANÉMONE DE MER
LIMACE DE MER
ASCIDIE
MADRÉPORE

L'anax empereur

Que ce soit dans les airs au stade adulte ou sous l'eau au stade larvaire, la libellule est un prédateur redoutable. Sa larve possède même une arme secrète.

L'ŒUF

La femelle libellule pond dans des plantes aquatiques. Tu as bien lu : « dans », et pas « sur ». Grâce à un organe pointu situé au bout de son abdomen, elle perce la tige des plantes et y dépose des petits œufs allongés, qui éclosent au bout d'environ trois semaines.

LA LARVE

Quand elle sort de l'œuf, la larve de libellule est encore enveloppée d'une membrane. Elle nage en se tortillant vers un endroit abrité où elle se débarrasse de son enveloppe. Voilà qui est mieux : elle peut maintenant se déplacer grâce à ses six pattes – le nombre qui caractérise la classe des insectes. Toujours sous l'eau, elle se poste à l'affût sur une plante. Si une puce d'eau ou une autre proie a le malheur de passer à sa portée, la larve déploie brusquement sa lèvre inférieure munie de crochets et capture sa victime.

DE LA LARVE À LA NYMPHE

Comme la peau de la larve ne grandit pas en même temps qu'elle, elle doit en changer régulièrement en muant. Elle s'attaque à des proies de plus en plus grosses, par exemple des têtards, qu'elle guette en embuscade. Pour échapper elle-même à ses prédateurs, elle peut aussi se propulser d'une drôle de façon, en expulsant de l'eau par son anus. Après deux mois et au moins dix mues, la larve est devenue une nymphe.

L'ÉMERGENCE

Elle est prête pour la dernière étape de son développement, l'émergence, qui consiste à muer pour la dernière fois et à passer du milieu aquatique au milieu terrestre. Elle grimpe le long d'une tige pour rejoindre la surface. Une fois à l'air libre, elle fait pression sur son thorax jusqu'à ce que la peau de son dos se déchire. Il faut une heure à la jeune libellule pour s'extirper de son ancienne enveloppe. Elle étire ensuite ses ailes et son abdomen. Elle doit encore attendre que ses ailes sèchent et que son corps durcisse et prenne ses couleurs vives, avant de pouvoir repartir à la chasse, cette fois dans les airs.

TRÈS ATTACHÉS L'UN À L'AUTRE !

L'accouplement des libellules est étonnant. Avec la pince située au bout de son corps, le mâle s'accroche au cou de la femelle, qui recourbe son abdomen vers l'avant pour le coller contre celui de son partenaire et recueillir ses spermatozoïdes. Les œufs ne seront fécondés qu'une fois que la femelle aura trouvé un lieu adapté pour pondre. Chez la plupart des libellules, le mâle reste attaché à sa belle jusqu'à la ponte, pour éviter qu'un rival ne vienne s'accoupler avec elle. L'anax empereur est plus confiant : il la laisse partir dès la fin de l'accouplement.

NOM FRANÇAIS DE L'ESPÈCE : anax empereur
NOM SCIENTIFIQUE : *Anax imperator* | **HABITAT :** eaux douces d'Europe, d'Afrique et d'Asie | **NOMBRE D'ŒUFS :** quelques milliers | **STADE LARVAIRE :** jusqu'à 1 an et demi
LONGUEUR DE LA LARVE : jusqu'à 6 cm | **LONGÉVITÉ DE L'ADULTE :** quelques mois maximum | **LONGUEUR DE L'ADULTE :** entre 64 et 84 mm

L'éphémère à trois filets et ailes tachetées

Bien qu'ils ne vivent qu'une seule journée, les éphémères ne sont pas nés d'hier : cet ordre d'insectes est apparu avant les dinosaures.

L'ŒUF

Le mâle éphémère meurt très vite après l'accouplement, mais la femelle n'a guère le temps de le pleurer. Elle vole au-dessus de l'eau et y plonge son abdomen à de nombreuses reprises pour y déposer quelques œufs à la fois. Même si elle parvient à échapper aux poissons et aux oiseaux qui la guettent, il ne lui reste plus très longtemps à vivre.

LA LARVE

Les œufs éclosent au bout de un à deux mois. Il en sort de minuscules larves, qui creusent des galeries au fond de leur cours d'eau, avec une entrée et une sortie, où elles mènent une vie assez monotone. En remuant leurs branchies, elles font circuler l'eau dans leur terrier et y puisent de l'oxygène et de la nourriture. Elles muent lorsque leur peau devient trop étroite. Au bout de deux années, il est temps pour elles de voir du pays.

LE SUB-IMAGO

Par une belle journée de début d'été, les deux extrémités du système digestif de la larve se ferment. Elle ne mangera plus jusqu'à la fin de sa brève existence. Son intestin se remplit d'air et la larve monte à la surface. Elle mue une nouvelle fois pour se transformer en sub-imago, un stade intermédiaire entre la larve et l'adulte. Doté d'ailes bordées de cils qui les rendent imperméables, le jeune insecte s'élève au-dessus de l'eau et se pose sur la première plante venue.

L'ADULTE

Il se repose un instant, puis mue une dernière fois pour laisser place à un éphémère adulte, avec de nouvelles ailes (sans cils cette fois) et trois longs filaments au bout de son abdomen (des cerques). Le voilà prêt pour une vie courte mais bien remplie !

NOM FRANÇAIS DE L'ESPÈCE : éphémère à trois filets et ailes tachetées | **NOM SCIENTIFIQUE :** *Ephemera vulgata*
HABITAT : eaux douces d'Europe | **NOMBRE D'ŒUFS :** environ 600
STADE LARVAIRE : jusqu'à 2 ans | **LONGUEUR DE LA LARVE :** jusqu'à 18 mm | **LONGÉVITÉ DE L'ADULTE :** quelques jours maximum
LONGUEUR DE L'ADULTE * : jusqu'à 21 mm pour le mâle, 24 mm pour la femelle
* sans les cerques.

DES AMOURS DE COURTE DURÉE

À peine adultes, les mâles se rassemblent en essaims et se mettent à faire des allers-retours à la verticale. Les femelles se précipitent dans cette nuée dansante et les mâles s'accrochent à elles. Le couple, devenu trop lourd, chute vers le sol tout en s'accouplant. Le mâle meurt peu de temps après, la femelle survit un peu plus longtemps. Elle doit encore pondre, avant de s'éteindre elle aussi…

La cigale dix-sept ans

Avant de faire entendre son célèbre chant, la cigale dix-sept ans reste silencieuse pendant de longues années, qu'elle passe sous terre.

L'ŒUF

Après s'être accouplée avec plusieurs mâles, la femelle se met en quête de branches d'arbres. À l'aide de la pointe située au bout de son abdomen, elle creuse des fentes dans l'écorce et dépose dans chacune une trentaine de petits œufs blancs allongés. Elle en pondra quelques centaines en tout.

LA LARVE

Un mois et demi plus tard, les larves, qui ressemblent à des fourmis blanches, sortent chacune de leur œuf. Elles se laissent tomber de l'arbre et cherchent un endroit à leur goût. Lorsqu'elles l'ont trouvé, elles se mettent à creuser et s'enfoncent sous terre. Si elles rencontrent une racine, elles la percent avec leur rostre et aspirent leur première gorgée de sève. Le goût doit leur plaire puisqu'elles s'en nourriront tout au long de leur vie.

UNE VIE SOUTERRAINE

La jeunesse de la cigale est plutôt ennuyeuse. La sève avec laquelle elle s'alimente n'étant pas très nourrissante, la larve ne grandit que de quelques millimètres par an, ce qui ne l'empêche pas de muer régulièrement. Elle ressemble de moins en moins à une fourmi et de plus en plus à une cigale.

TOUT LE MONDE DEHORS !

Tout à coup, à l'âge de dix-sept ans, la larve de cigale a envie de prendre l'air. Par une belle nuit de printemps, elle creuse un tunnel jusqu'à la surface et met le nez dehors pour la première fois depuis des années. Elle n'est pas la seule : des milliers, voire des millions, d'autres larves de cigales dix-sept ans ont eu la même idée.

ÉMERGENCE ET ACCOUPLEMENT

La larve trottine jusqu'à un arbre et grimpe le long de l'écorce. Elle mue une dernière fois pour laisser émerger une cigale pâle aux ailes fripées. Bientôt, elle déplie ses ailes et prend sa couleur noire définitive, avec les yeux rouges. Au cours des semaines suivantes, les cigales n'ont ni le temps ni l'envie de manger. Les mâles sont trop occupés à voler et à chanter pour attirer les femelles ; celles-ci doivent sélectionner les mâles qui leur plaisent, s'accoupler et pondre. Un mois plus tard, toutes les cigales adultes meurent. Il faudra attendre dix-sept ans pour voir leur progéniture refaire surface.

NOM FRANÇAIS DE L'ESPÈCE : cigale dix-sept ans
NOM SCIENTIFIQUE : *Magicicada septendecim* | **HABITAT :** forêts de feuillus de l'est des États-Unis | **NOMBRE D'ŒUFS :** jusqu'à 500
STADE LARVAIRE : 17 ans | **LONGUEUR DE LA LARVE :** de 2,5 mm à 4 cm | **LONGÉVITÉ DE L'ADULTE :** 1 mois environ | **LONGUEUR DE L'ADULTE :** jusqu'à 4 cm

L'UNION FAIT LA FORCE

Comme elles volent mal, les cigales sont une proie facile. Les cigales dix-sept ans ont trouvé une solution originale : elles ne sortent de terre que tous les dix-sept ans, et en si grand nombre que leurs prédateurs ne peuvent pas toutes les manger. Et même si cette abondance de nourriture permet à ces derniers d'avoir de nombreux petits, les nouvelles larves de cigales resteront bien à l'abri sous la terre pendant seize ans.

Habillés pour l'hiver

En hiver, tu mets ton manteau et ton écharpe pour ne pas avoir froid et, pour le carnaval, tu enfiles un déguisement bariolé. Beaucoup d'animaux font de même, mais il leur faut un peu plus de temps qu'à toi pour se changer.

DU NOIR AU BLANC

De nombreux oiseaux muent deux fois par an. Pas d'un seul coup, bien sûr, sinon on verrait souvent des oiseaux déplumés. Le changement de plumage est très visible sur la tête de la **mouette rieuse**. En été, elle est d'un brun uniforme. Dès l'automne, elle commence à s'éclaircir et devient blanche en hiver. Pas entièrement, d'ailleurs : la mouette conserve sur les oreilles deux taches foncées reliées par une bande sombre. On dirait qu'elle porte un casque audio... ou plutôt un cache-oreilles, ça tient plus chaud en hiver !

NEZ DE CLOWN

Sur la plupart des photos qui le représentent, le **macareux moine** arbore un bec bariolé. Pourtant, il ne prend ces belles couleurs qu'au printemps, pendant la période nuptiale, quand il retrouve son ou sa partenaire de l'année précédente. La femelle pond un seul œuf et les deux parents élèvent le petit. Dès que celui-ci quitte le nid, la couche externe colorée du bec des adultes se détache et tombe, pour laisser apparaître un petit bec sombre. Ils ne ressortiront leur nez de clown qu'au printemps suivant.

BLANCHE-NEIGE

Dans les régions où il neige, l'**hermine** revêt un manteau d'un blanc immaculé quand arrive l'hiver. Contrairement à ce que tu pourrais penser, ses poils ne changent pas de couleur : ils tombent et d'autres repoussent à la place. En automne, chaque poil brun est remplacé par deux blancs. En effet, le pelage d'hiver est non seulement plus clair, mais aussi plus épais : chaque centimètre carré de peau est couvert de vingt mille poils. Au printemps, cette fourrure blanche laisse à nouveau place à un pelage brun.

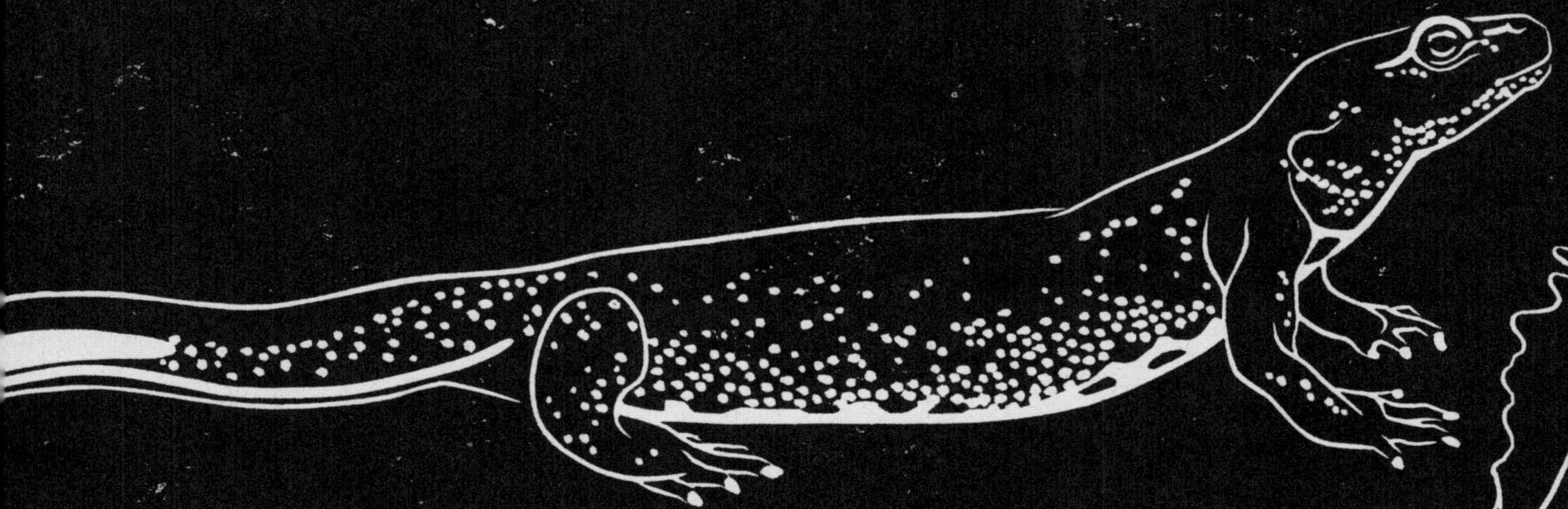

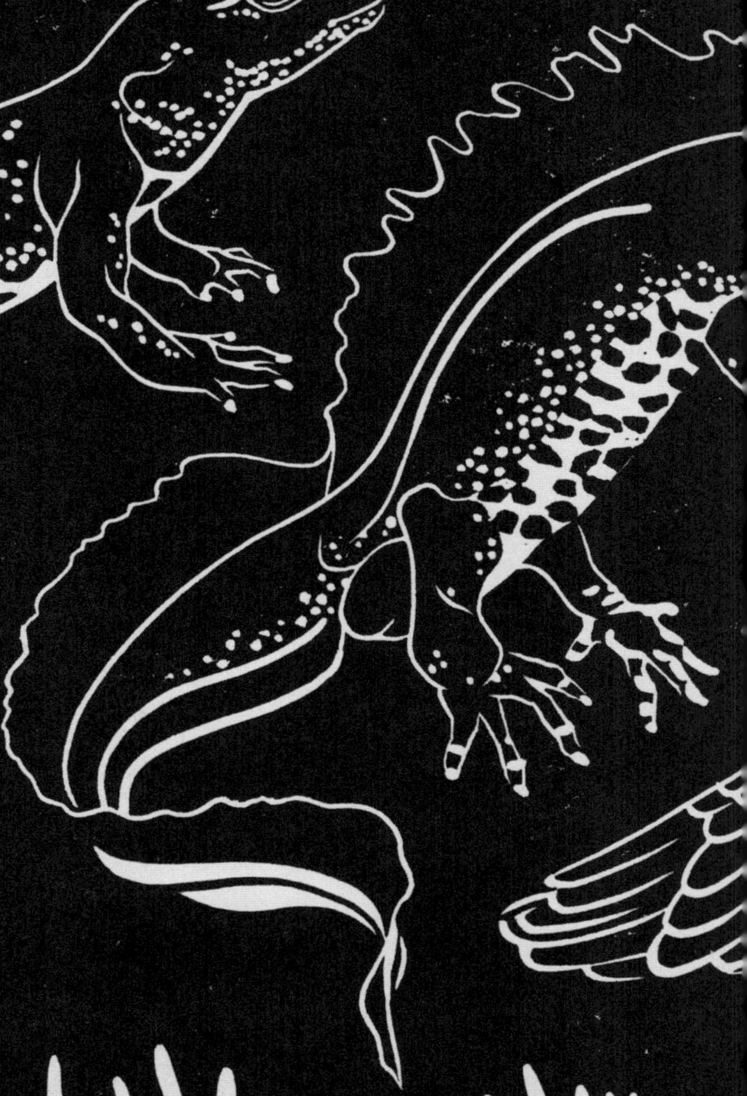

FIER COMME UN COQ !

C'est seulement au printemps, quand il regagne sa mare, que le mâle du **triton à crête** fait honneur à son nom. À cette époque de l'année, une crête dentelée se développe sur son dos et des taches orange apparaissent sur son ventre noir. Cette impressionnante transformation lui sert à séduire les femelles. Une fois la période de reproduction passée, sa crête se contracte et monsieur triton retourne à terre mener une existence discrète au milieu des feuilles mortes.

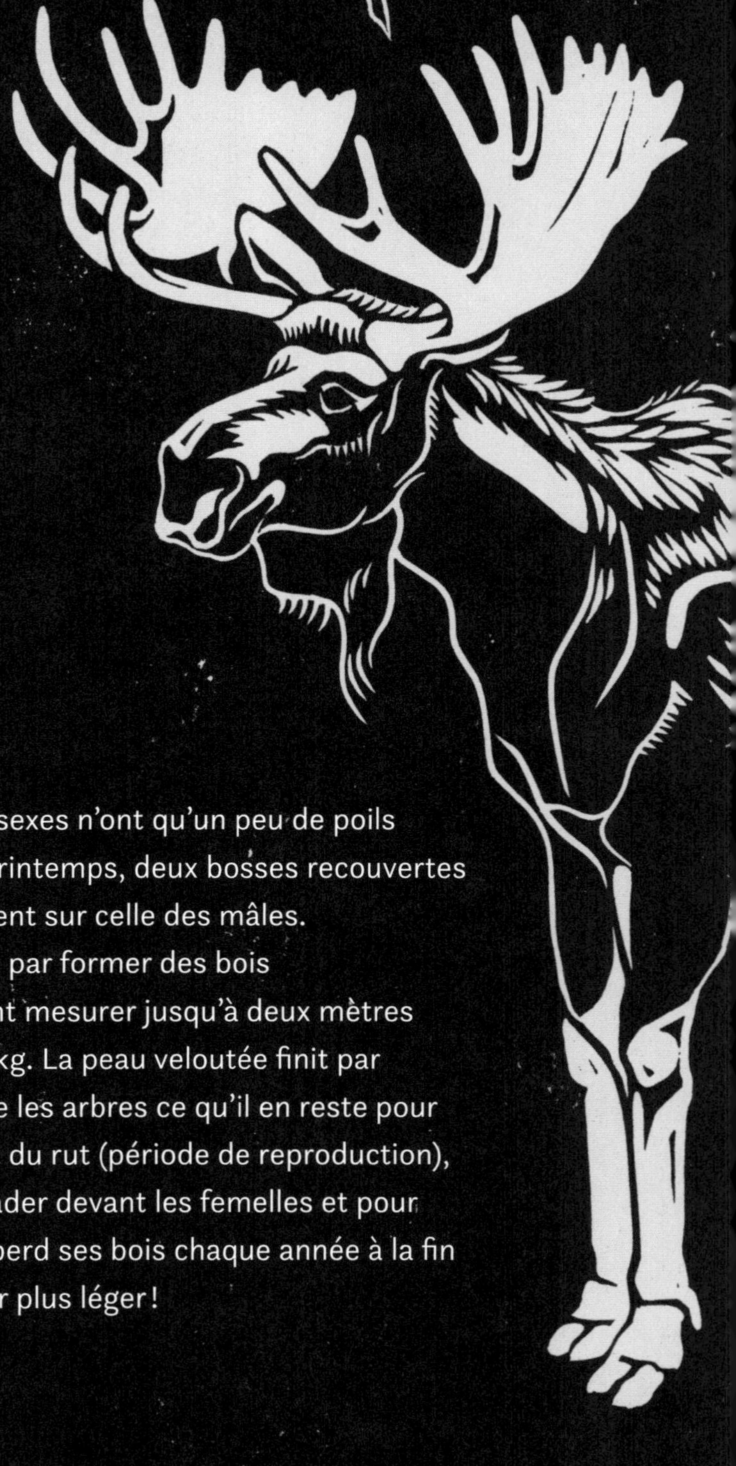

RAMURE JETABLE

En hiver, les **élans** des deux sexes n'ont qu'un peu de poils rêches sur la tête. Mais au printemps, deux bosses recouvertes d'un doux velours apparaissent sur celle des mâles. Elles grossissent et finissent par former des bois impressionnants, qui peuvent mesurer jusqu'à deux mètres de large et peser jusqu'à 30 kg. La peau veloutée finit par tomber et l'élan frotte contre les arbres ce qu'il en reste pour mettre l'os à nu. Au moment du rut (période de reproduction), il utilise sa ramure pour parader devant les femelles et pour se battre avec ses rivaux. Il perd ses bois chaque année à la fin de l'automne. Il doit se sentir plus léger !

TENUE DE GALA

En hiver, le **combattant varié** n'a rien d'exceptionnel, si ce n'est ses longues pattes fines. Mais au printemps, un plumage spectaculaire pousse sur la tête, le cou et la poitrine des mâles. Les couleurs de cette coiffe et de cette collerette diffèrent pour chaque individu et mêlent des plumes allant du blanc au noir, en passant par tous les tons de brun. Pour séduire les femelles, ces mâles en tenue de gala s'affrontent dans des combats... pour de faux ! Après la période nuptiale, les mâles retrouvent leur plumage terne.

BLEUE COMME UNE GRENOUILLE

La majeure partie de l'année, la **grenouille des champs** n'attire guère l'attention avec sa peau brune. Elle sautille dans l'herbe à la recherche d'un escargot, d'un ver de terre ou d'un coléoptère. À la mauvaise saison, elle hiberne pendant plusieurs mois. Mais au début du printemps, il y a de l'animation dans l'air. Les femelles regagnent l'eau pour y pondre et les mâles les suivent pour féconder les œufs. Pour l'occasion, ces messieurs changent de couleur, passant du brun feuille morte à un magnifique bleu cobalt. On ne sait pas exactement comment se produit cette transformation. Au bout de quelques jours, la fête est finie. Les mâles perdent leur teinte vive... jusqu'au printemps suivant.

La coccinelle à sept points

Si je te dis «coccinelle», tu penses tout de suite à un joli coléoptère aux élytres rouges avec des points noirs. Mais savais-tu que sa larve ressemble à un petit crocodile hérissé ?

NOM FRANÇAIS DE L'ESPÈCE : coccinelle à sept points
NOM SCIENTIFIQUE : *Coccinella septempunctata*
RÉPARTITION : Europe et Asie du Sud-Est, introduite en Amérique du Nord | **NOMBRE D'ŒUFS :** jusqu'à 1 000
STADE LARVAIRE : 1 mois environ | **LONGUEUR DE LA LARVE :** jusqu'à 8 mm | **STADE NYMPHAL :** jusqu'à 12 jours | **LONGÉVITÉ DE L'ADULTE :** jusqu'à 2 ans
LONGUEUR DE L'ADULTE : jusqu'à 8 mm

L'ŒUF

Les larves de coccinelles se nourrissent de pucerons, comme leur maman. Celle-ci choisit donc soigneusement son lieu de ponte : c'est sur la feuille d'une plante envahie de pucerons qu'elle colle ses petits œufs jaunes en forme de grain de blé, par petits paquets serrés, comme des bouteilles dans une caisse.

LA LARVE

Au bout de une à deux semaines, une drôle de créature hérissée sort de son œuf. Déjà affamée, elle en grignote l'enveloppe et complète même parfois ce premier repas par quelques œufs non fécondés. Puis elle part à la chasse. Dès qu'elle rencontre un puceron, elle aspire ses sucs et continue sa route jusqu'au suivant.

UN VENTRE SUR PATTES

La larve a un énorme appétit. Elle dépasse bientôt la taille des pucerons et peut donc les dévorer en entier. Après quelques semaines et quelques mues, ayant englouti plusieurs centaines de pucerons, elle est devenue gris-bleu avec des taches orange, mais garde l'aspect d'un petit monstre glouton.

LA NYMPHE

La larve repue cherche un endroit tranquille, de préférence une feuille, sur laquelle elle fixe le bout de son abdomen, puis fait éclater la peau de son dos d'avant en arrière. Elle en sort sous la forme d'une grosse nymphe orange, qui ne bouge que si on la dérange. Mais à l'intérieur, une grande transformation s'opère.

L'ADULTE

Huit jours plus tard, l'avant de la nymphe éclate et laisse apparaître une jeune coccinelle. Elle déploie ses ailes et les replie sous ses élytres, qui sont encore molles et jaunes. Il leur faudra quelques heures pour durcir et pour que les points noirs apparaissent, puis quelques jours pour passer du jaune à l'orange. La coccinelle adulte ne ressemble guère à sa larve – sauf ce qui concerne son menu favori : le puceron. Elle en dévore jusqu'à une centaine par jour.

COCCINELLES PAS FIDÈLES
Les coccinelles qui sortent de leur chrysalide au printemps ou en été s'accouplent au bout d'une quinzaine de jours. Les autres attendent la fin de l'hiver. Les mâles s'accouplent avec toutes les femelles qu'ils rencontrent. Celles-ci ne sont pas fidèles non plus : elles ont parfois six partenaires en une seule journée.

Le dynaste hercule

Comme Hercule, le demi-dieu grec à qui il doit son nom, le dynaste hercule est un géant très costaud. Il vit dans les forêts humides d'Amérique. Après sa dernière mue, la larve est encore plus grosse que l'adulte.

NOM FRANÇAIS DE L'ESPÈCE : dynaste hercule
NOM SCIENTIFIQUE : *Dynastes hercules* | **HABITAT :** forêts humides d'Amérique centrale et d'Amérique du Sud | **NOMBRE D'ŒUFS :** jusqu'à 100 | **STADE LARVAIRE :** 2 ans environ | **LONGUEUR DE LA LARVE :** jusqu'à 11 cm | **POIDS DE LA LARVE :** plus de 100 g
STADE NYMPHAL : 32 jours | **LONGÉVITÉ DE L'ADULTE :** 3 à 6 mois
TAILLE DE L'ADULTE : jusqu'à 17 cm (mâle), 8,5 cm (femelle)
POIDS DE L'ADULTE : 37 g

L'ŒUF

La femelle dynaste pond une centaine d'œufs derrière une souche d'arbre en décomposition. Quoique cette quantité d'œufs soit relativement faible pour un insecte, leur taille – équivalente à ce O majuscule – est plutôt imposante.

LA LARVE

Au bout d'un mois, une larve blanchâtre à la tête noire sort de l'œuf. Elle se régale de bois pourri, dans lequel elle se fraie un passage avec délices. Après s'en être régalée pendant une bonne cinquantaine de jours, elle mue une première fois, puis une seconde au bout du même intervalle de temps. Désormais grosse comme le petit doigt, elle passe son temps à manger et à digérer du bois en décomposition (ce qui n'est pas une tâche facile) et finit par devenir une larve géante, aussi longue et dodue qu'une saucisse de Francfort. Heureusement que sa source de nourriture lui sert aussi de cachette, car de nombreux prédateurs en feraient volontiers leur casse-croûte – avec ou sans moutarde.

LA NYMPHE

Au bout d'environ quatre cent cinquante jours, la larve prend une forme étrange, avec une peau brune et rigide. Jusque-là, il était impossible de différencier les mâles des femelles. Désormais, les premiers se distinguent par deux longs organes courbés à l'avant de la tête. La nymphe peut encore bouger son abdomen, mais reste complètement immobile la plupart du temps. À l'intérieur se produit une incroyable métamorphose.

L'ADULTE

Un mois plus tard, la peau de la nymphe éclate et le coléoptère adulte apparaît. Sa carapace, d'abord blanche, s'assombrit rapidement. La femelle pèse un peu plus lourd, mais le mâle est plus impressionnant avec sa longue corne sur la tête. Lorsque le dynaste hercule déplie ses élytres et s'envole, il ressemble à un hélicoptère. Il est temps de se reproduire sans délai, car il n'a que quelques mois à vivre.

UN COMBAT DE SUMOS

Pendant la période de reproduction, les mâles recherchent les femelles en suivant les phéromones (substances odorantes) qu'elles diffusent. S'ils sont plusieurs à approcher la même demoiselle, c'est la bagarre : tels des sumos, ils s'affrontent en essayant d'attraper leur adversaire avec la pince que forment leurs deux cornes. Le vainqueur gagne le droit de s'accoupler.

L'abeille européenne

L'abeille que tu vois butiner sur une fleur a déjà toute une vie derrière elle. Une vie brève, certes, mais pleine de transformations, au cours desquelles elle passe du stade de larve sans défense à celui d'ouvrière débrouillarde.

L'ŒUF

Les abeilles mellifères vivent en colonies de dizaines de milliers d'individus, mais une seule pond des œufs : la reine. Ses filles s'occupent de tout le reste. Ce n'est pas pour rien qu'on les appelle des ouvrières. Avec la cire sécrétée par leur abdomen, elles construisent dans le nid des rayons composés de milliers de cellules hexagonales, appelées alvéoles. Dans certaines sont stockés le miel et le pollen, dans d'autres sont élevées les larves. Dans chaque alvéole, la reine pond un œuf minuscule qui ressemble à un grain de riz à la verticale. Les ouvrières le lèchent pour le nettoyer et il éclôt au bout de quelques jours.

LA LARVE

La larve qui en sort est un minuscule ver blanc affamé. Les ouvrières remplissent le fond de l'alvéole de gelée royale, une substance sécrétée au niveau de leur gorge, si nourrissante que la larve la digère entièrement, sans rien éliminer. Elle grossit et mue plusieurs fois. Au bout de trois jours, la gelée royale est remplacée par une bouillie de miel et de pollen. Quelques jours plus tard, la larve est si dodue qu'elle pèse plus lourd qu'une abeille adulte. Une ouvrière ferme alors l'alvéole avec de la cire.

LA NYMPHE

La larve doit maintenant se débrouiller toute seule. Elle s'étire pour évacuer ses excréments pour la première fois, puis sa tête sécrète du fil avec lequel elle tisse un cocon douillet. Elle mue à l'intérieur et se transforme en nymphe, avec les pattes, les ailes et les antennes repliées sur son corps rigide.

L'ABEILLE OUVRIÈRE

Cette pupe abrite une transformation radicale. En quelques semaines, la larve devient une abeille, puis grignote l'enveloppe dure de la pupe, le cocon soyeux et le couvercle cireux de son alvéole. Accueillie par ses sœurs et futures collègues ouvrières, elle se met alors au travail. Elle s'occupera de nettoyer le nid, puis de nourrir les larves et enfin d'aller recueillir du nectar et du pollen à l'extérieur… jusqu'à mourir d'épuisement.

LA JEUNE REINE

La future reine est élevée dans une très grande alvéole et elle n'est nourrie qu'avec de la gelée royale. Devenue adulte, elle s'envole et s'accouple dans les airs. Les mâles ne survivent pas, mais la reine, elle, a stocké assez de spermatozoïdes pour pouvoir féconder des millions d'œufs tout au long de sa vie.

FAUX BOURDON

NOM FRANÇAIS DE L'ESPÈCE :
abeille européenne
NOM SCIENTIFIQUE :
Apis mellifera
HABITAT : élevée par l'homme dans le monde entier
NOMBRE D'ŒUFS : jusqu'à 2 000 par jour, jusqu'à 2 millions en tout
STADE LARVAIRE : de 4 à 8 jours
STADE NYMPHAL : de 1,5 à 3 semaines
LONGÉVITÉ DE L'ADULTE :
de 3 semaines à 6 mois pour l'ouvrière, de 4 à 8 semaines pour le faux bourdon, de 2 à 5 ans pour la reine
TAILLE DE L'ADULTE : jusqu'à 15 mm pour l'ouvrière, jusqu'à 17 mm pour le faux bourdon, jusqu'à 20 mm pour la reine

Des animaux magiciens

Certaines métamorphoses prennent des heures, des jours, des mois, voire des années. Mais certains animaux sont capables de se transformer en un clin d'œil.

HULAHUP, BARBATRUC !

Certains céphalopodes sont capables de changer de forme et de couleur en moins de temps qu'il ne faut pour le dire. La seiche commune, par exemple, peut prendre en un instant l'apparence d'une pierre couverte d'algues. Mais la championne du camouflage est la **pieuvre mimétique**, qui vit dans les mers tropicales d'Asie du Sud-Est. En faisant varier les couleurs et les motifs de sa peau, elle se déguise en algues, mais aussi en animaux marins. Par exemple, elle enterre dans le sable tous ses tentacules, sauf deux qu'elle fait onduler tel un serpent de mer venimeux. Elle imite aussi des animaux inoffensifs, ce qui lui permet d'approcher ses proies sans les inquiéter.

UN BALLON PLEIN D'ÉPINES

Avec son corps en forme de poire et sa nage peu rapide, le **poisson porc-épic** ferait une proie facile s'il n'était pas un peu magicien : lorsqu'un dauphin ou un requin s'approche de trop près, il avale très vite des litres d'eau pour gonfler comme un ballon et hérisser ses épines. Cette grosse boule piquante a encore plus de mal à nager, mais elle est impossible à avaler. Le prédateur, surpris, n'a plus qu'à passer son chemin.

LE VER EST DANS LE TUBE

Les vers tubicoles ne vivent pas dans la terre mais dans la mer. Ils restent toute leur vie au même endroit, le corps à l'abri dans un tube qu'ils fabriquent eux-mêmes et dont ne dépasse que leur tête. Leurs branchies sont formées de nombreux filaments qui puisent l'oxygène et la nourriture dont le ver a besoin. On en voit beaucoup dans les récifs de corail. Le plus beau est le **ver arbre de Noël**, dont les panaches colorés ressemblent à des sapins décorés. Les poissons, eux, y voient surtout un repas appétissant, mais le ver se méfie. En cas de danger, il se recroqueville dans son tube en un clin d'œil et rabat l'opercule qui le ferme. Au bout de quelques minutes, il l'entrouvre pour voir si le danger est passé. Si c'est le cas, il redéploie ses deux arbres de Noël comme si de rien n'était.

LE SUPERMAN DE LA FORÊT

Un écureuil poursuivi par une martre des pins peut effectuer des bonds de deux à trois mètres pour passer d'une branche à l'autre. Son cousin le **polatouche de Sibérie** est encore plus fort. Il écarte ses pattes avant et arrière, déployant comme une voile la membrane qui les relie. Véritable Superman de la forêt, cet écureuil «volant» peut planer jusqu'à 100 m de distance entre deux arbres.

UN PHOQUE PRESTIDIGITATEUR

Le mâle du **phoque à capuchon**, qui vit dans l'Arctique, est un vrai magicien : pour séduire les femelles, il fait apparaître un ballon rouge au bout de son nez. Tu veux connaître son secret ? Il possède une poche de peau élastique entre ses deux narines. En inspirant par l'une d'elles, il gonfle cette membrane qui finit par sortir de l'autre côté, tel un gros ballon rouge. Chez les humains, on trouverait ce comportement dégoûtant, mais pour une femelle phoque à capuchon, c'est irrésistible.

OUVREZ LE PARAPLUIE

Les régions sèches d'Australie abritent de nombreuses espèces de lézards, dont le **lézard à collerette**. À première vue, celui-ci n'est pas bien différent de ses congénères, mais, si tu regardes bien, tu remarqueras des replis de peau sur son cou. Lorsqu'il est effrayé par un prédateur (ou par toi), il les déploie brusquement, comme un grand parapluie. Pendant que l'intrus se remet de sa surprise, le lézard en profite pour filer dans un arbre. Tapi sur une grosse branche, sa collerette repliée, il ressemble à un morceau d'écorce.

UN SMILEY SUR PATTES

Même en temps normal, le mâle du **paradisier superbe** a fière allure. Mais pendant la parade nuptiale, il se met à sautiller frénétiquement en déployant le plastron bleu turquoise de sa poitrine et la cape de plumes noires qu'il porte sur le dos. Surprise : le voilà transformé en un éventail sombre sur lequel les plumes bleues dessinent deux yeux et un sourire. La femelle ne peut qu'être fascinée par ce drôle d'énergumène !

La mouche verte

La mouche verte, ou lucilie soyeuse, arbore de superbes couleurs. Pourtant, quand elle éclôt, ce n'est qu'un asticot blanchâtre.

L'ŒUF

Si la mouche adulte se régale du suc sucré des fleurs et parfois de bouse fraîche, elle tient à offrir le meilleur à sa progéniture : de la viande en décomposition – un cadavre d'animal le plus souvent. Elle choisit la partie la plus juteuse et y pond un petit paquet d'une bonne centaine d'œufs, qui éclosent parfois le jour même.

LA LARVE

De chacun de ces œufs sort un minuscule ver blanc qui n'a ni pattes, ni antennes, ni yeux, ni ailes, mais une bouche grâce à laquelle il se gave de la chair en décomposition où il vit avec ses frères et sœurs. L'asticot grossit très vite et mue trois fois en quelques jours.

UNE HISTOIRE DE BATTEMENTS D'AILES

Les mâles des lucilies soyeuses préfèrent les femelles jeunes. Ils perçoivent la fréquence de leurs battements grâce aux reflets de la lumière sur leurs ailes. En effet, une femelle fertile bat des ailes un peu plus lentement qu'un mâle ou une femelle plus âgée. Après avoir repéré l'élue de son cœur, le mâle se pose à côté d'elle et lui fait la cour : il appuie sa tête contre elle et la tapote avec ses pattes avant. Si la femelle est d'accord, ils s'accouplent. Sinon, elle le repousse sans ménagement. Ouste, malotru !

L'ASTICOT PART EN VOYAGE

Un beau jour, l'asticot perd l'appétit et il lui vient l'envie de voyager. Il abandonne la charogne où il est né et part à l'aventure. Bien sûr, sans pattes, il ne va pas bien loin. Il arrive quand même à ramper sur une trentaine de mètres, jusqu'à ce qu'il trouve un coin de terre meuble où il s'enfouit.

LA PUPE

Une fois sous terre, il mue pour la quatrième fois et devient une pupe, petit cocon brun, dur à l'extérieur, doux à l'intérieur. Ce qui s'y passe reste invisible, mais le résultat en vaut la peine. En moins d'une semaine, la peau brune de la pupe se déchire et laisse apparaître un bijou au corps d'un vert irisé, avec des ailes délicates : la mouche adulte.

NOM FRANÇAIS DE L'ESPÈCE : mouche verte | **NOM SCIENTIFIQUE :** *Lucilia sericata* | **HABITAT :** presque dans le monde entier, surtout dans les régions chaudes et humides | **NOMBRE D'ŒUFS PAR PONTE :** jusqu'à 200 | **STADE LARVAIRE :** 3 à 10 jours **LONGUEUR DE LA LARVE :** jusqu'à 14 mm | **STADE NYMPHAL :** 1 à 2 semaines | **LONGÉVITÉ DE L'ADULTE :** environ 1 mois **LONGUEUR DE L'ADULTE :** jusqu'à 11 mm

Le machaon

Le machaon, ou grand porte-queue, est un superbe papillon aux ailes délicatement dessinées. Mais sa chenille vaut le coup d'œil, elle aussi !

L'ŒUF

Avant de pondre, la femelle cherche une plante qui plaira à sa progéniture : idéalement, des feuilles de fenouil ou de carotte, qui sont le menu préféré des chenilles de machaon. Une fois qu'elle les a trouvées, elle y dépose de minuscules balles de ping-pong à quelque distance les unes des autres.

LA CHENILLE

Au bout d'une semaine, une petite chenille (nom de la larve du papillon) grignote l'enveloppe de son œuf et en sort. Elle avale ensuite le reste de l'œuf, puis la feuille où elle est née. Cette créature hérissée, noir et blanc avec quelques taches orange, ne ressemble pas à grand-chose – ou plutôt si, à une fiente d'oiseau. C'est plutôt une bonne idée, parce que les oiseaux aiment bien croquer des chenilles, mais pas leurs propres excréments. Notre chenille affamée peut donc manger tranquillement. Elle grossit tellement qu'elle doit muer quelques fois.

CHANGEMENT DE COULEUR

Après quelques semaines de grignotage intensif, la chenille est devenue grosse comme le petit doigt et arbore fièrement des couleurs contrastées : des bandes noires et des taches orange sur fond vert pomme. Ce costume bariolé attire l'œil, mais effraie les oiseaux. Et si cela ne suffit pas, la chenille a encore une carte dans sa manche : elle fait jaillir de son cou une glande orange nauséabonde qui ressemble à deux petites cornes et fait fuir les prédateurs.

LA CHRYSALIDE

Il est temps de passer aux choses sérieuses. La chenille s'installe tête en haut sur la tige d'une plante et s'y fixe par l'extrémité de son abdomen. Sa tête sécrète un fil de soie qu'elle colle sur la tige et qu'elle enroule comme une ceinture autour de son corps. Elle s'extrait ensuite de son ancienne peau, qui glisse sous la ceinture de fil. La voilà devenue une étrange créature sans pattes, ni yeux, avec une tête pointue : une chrysalide.

LE PAPILLON

Il s'en passe des choses, à l'intérieur de la chrysalide immobile ! Le corps de la chenille est digéré par des enzymes qui en font une espèce de bouillie à partir de laquelle vont se former de nouveaux organes. Un beau jour, le haut de la chrysalide se déchire et un papillon aux ailes froissées apparaît. Après quelques battements, elles se déploient et les belles couleurs du machaon se révèlent au grand jour.

COMME DANS UN MIROIR

À la saison des amours, les mâles cherchent un site bien en vue dans le paysage et se mettent à patrouiller pour attirer les femelles tout en chassant leurs rivaux. Après avoir brièvement voleté ensemble, le mâle et la femelle rapprochent leurs abdomens et s'accouplent, leurs têtes tournées dans des directions opposées, comme s'ils se reflétaient dans un miroir.

NOM FRANÇAIS DE L'ESPÈCE : machaon | **NOM SCIENTIFIQUE :** *Papilio machaon* | **RÉPARTITION :** Europe, Asie et Amérique du Nord **NOMBRE D'ŒUFS :** entre 100 et 500 | **STADE LARVAIRE :** environ 7 semaines **LONGUEUR DE LA CHENILLE :** jusqu'à 4 cm | **STADE NYMPHAL :** de 2 à 24 semaines | **LONGÉVITÉ DU PAPILLON :** quelques semaines **ENVERGURE DU PAPILLON :** 7,5 cm

L'atlas

En moins de deux mois, une chenille au départ pas plus grosse qu'un vermicelle en chocolat se transforme en l'un des plus grands papillons du monde : l'atlas, un papillon de nuit qui mesure la taille d'une feuille A4.

L'ŒUF

Une fois papillon, l'atlas ne s'alimente plus. Mais ses larves, elles, ne s'en privent pas. C'est pourquoi la femelle pond ses œufs (de la taille de ce O majuscule) sur un arbre dont les chenilles apprécient les feuilles. Son abdomen sécrète une substance collante qui permet de fixer les œufs sur la plante.

LA CHENILLETTE

Au bout de deux petites semaines, les chenillettes éclosent. Entre-temps, leur mère est morte, mais elles n'ont pas besoin d'elle pour savoir ce qu'elles ont à faire : manger, manger, manger. Elles commencent par grignoter l'enveloppe de leur œuf, puis se dispersent pour se nourrir de feuilles. Elles grossissent rapidement et muent plusieurs fois.

NOM FRANÇAIS DE L'ESPÈCE : atlas
NOM SCIENTIFIQUE : *Attacus atlas*
HABITAT : forêts de l'Asie du Sud-Est
NOMBRE D'ŒUFS : jusqu'à 300
STADE LARVAIRE : environ 6 semaines
LONGUEUR DE LA CHENILLE : jusqu'à 12 cm
STADE NYMPHAL : de 3 à 4 semaines
LONGÉVITÉ DU PAPILLON : 1 à 2 semaines
ENVERGURE DU PAPILLON : jusqu'à 25 cm

LA CHENILLE

Après sa troisième mue, la chenille désormais bien dodue est devenue verte et son dos est doté d'épines dirigées vers l'arrière. Sa peau se couvre d'une substance blanche et floconneuse, qui ne plaît guère aux prédateurs. La chenille peut donc continuer à manger et à grossir tranquillement. Un mois et demi et deux autres mues plus tard, elle mesure plus de dix centimètres de long.

UN PARFUM IRRÉSISTIBLE

Au début de la période de reproduction, la femelle atlas diffuse une substance odorante (phéromone) sécrétée par son abdomen, que les jeunes mâles perçoivent à des kilomètres à la ronde grâce aux récepteurs olfactifs situés sur leurs antennes. Ils se précipitent alors vers la source de cet irrésistible parfum.

LA CHRYSALIDE

La chenille sécrète au niveau de sa tête un fil de soie avec lequel elle tisse un cocon solidement accroché à la feuille d'un arbre. À l'intérieur, elle mue une dernière fois pour se transformer en une chrysalide rigide. Suspendue la tête en bas dans son cocon autour duquel la feuille s'est enroulée, elle commence sa métamorphose.

LE PAPILLON

Quelques semaines plus tard, le papillon sort de sa chrysalide. Il injecte son sang transparent dans ses quatre ailes fripées pour les déplier. Qu'elles sont grandes ! Elles ne sont pas très colorées, mais présentent de magnifiques motifs. L'extrémité des ailes supérieures ressemble à un serpent de profil, ce qui a valu à l'atlas le surnom de papillon cobra.

La grande queue-fourchue

Ce papillon de nuit est impressionnant, mais sa chenille l'est encore plus - surtout quand elle se met en colère !

L'ŒUF

Après l'accouplement, la femelle papillon se pose sur les feuilles tendres d'un saule ou d'un peuplier, où elle pond ses œufs, isolément ou par petits paquets. Au bout d'une dizaine de jours, il en sort de petites chenilles noires et hérissées. Leur mère est déjà morte – voilà ce que c'est de ne pas pouvoir manger.

LA CHENILLE

La chenille, elle, est faite pour ça. Elle passe son temps à grignoter des feuilles, l'abdomen relevé. Si on la dérange pendant son repas, elle s'arrête un instant en dressant la queue d'un air menaçant et en fait sortir deux longs filaments rouges. En une semaine, la chenillette devient une grosse chenille vert pomme à la peau caoutchouteuse, avec une tache brune entourée de blanc sur le dos.

UN ARSENAL DISSUASIF

Deux semaines plus tard, la chenille est aussi grosse – et pour de nombreux prédateurs, aussi appétissante – qu'une saucisse de Francfort. Mais elle dispose de plusieurs tactiques de dissuasion. Si elle est dérangée ou attaquée, elle commence par soulever sa tête dont les couleurs évoquent un horrible masque rouge avec deux faux yeux. Elle redresse son abdomen et fait jaillir de la fourche située à son extrémité deux filaments rouges qui se tortillent. Et si tout cela ne suffit pas, elle projette un acide sécrété au niveau de son cou. La plupart du temps, l'oiseau – ou tout autre casse-pied – a déjà pris la fuite.

LA CHRYSALIDE

Un jour, la chenille perd sa couleur vert pomme pour devenir brun-rouge. Fini les festins de feuilles ! Elle s'installe sur une branche ou une souche d'arbre, qu'elle ronge. Avec ces copeaux de bois mâché et le fil de soie sécrété par sa tête, elle se tisse un gros cocon, qui durcit au bout d'un certain temps. À l'intérieur, la chenille mue pour la dernière fois et devient une chrysalide à la peau marron et rigide, dans laquelle va se produire, à l'abri des regards, une extraordinaire métamorphose.

LE PAPILLON

Après une pause hivernale, la transformation se termine au printemps suivant. Le papillon dissout son enveloppe rigide avec sa salive. Une fois dehors, il déploie ses ailes et s'envole dans la nuit.

NOM FRANÇAIS DE L'ESPÈCE : grande queue-fourchue
NOM SCIENTIFIQUE : *Cerura vinula* | **RÉPARTITION :** Europe et Asie
NOMBRE D'ŒUFS : une bonne centaine | **STADE LARVAIRE :** un peu plus de 4 semaines | **LONGUEUR DE LA CHENILLE :** jusqu'à 8 cm
STADE NYMPHAL : un peu plus de 10 mois | **LONGÉVITÉ DU PAPILLON :** 10 jours maximum | **ENVERGURE DU PAPILLON :** 7 cm

De père en fils

Quand un garçon devient un jeune homme, de la barbe pousse sur ses joues et son menton. Chez certains animaux, les différences entre les jeunes mâles et les mâles adultes sont encore plus marquées.

FIER COMME UN PAON

Le **paon** mâle est un vrai fanfaron, avec sa longue traîne de plumes dans le dos. Eh oui, sa vraie queue est cachée en dessous. Ce sont les puissants muscles de celle-ci, justement, qui lui permettent de faire la roue : la traîne se déploie automatiquement en un somptueux éventail orné d'une centaine d'ocelles (les taches en forme d'yeux). Il faut attendre trois ans pour que le mâle puisse se reproduire et pour que ses plumes ornementales soient assez longues pour séduire les femelles. Mais cela n'empêche pas les jeunes paonneaux de se pavaner dès l'âge de quelques mois. Même s'ils n'ont pas encore de traîne, ils font les importants en marchant la queue redressée.

FILLE OU GARÇON ?

Chez les **lions** adultes, impossible de confondre les mâles et les femelles, puisque les premiers portent une épaisse crinière sur la tête, les épaules et le cou. En revanche, il est difficile de deviner le sexe des jeunes de moins de trois ans. C'est seulement à cet âge-là que la crinière des mâles commence à pousser. C'est aussi le moment où le père lion chasse ses fils. Ouste, les gars, débrouillez-vous tout seuls !

LE CYRANO DES ANIMAUX

Les jeunes **nasiques** ont une face bleutée et un petit nez en trompette. En grandissant, leur visage prend sa couleur orangée définitive et leur nez grossit. Chez les femelles, sa croissance s'arrête rapidement, mais chez les mâles, il continue de pousser tout au long de leur vie, jusqu'à pendre par-dessus leur bouche. Non seulement cet appendice nasal attire les femelles, mais il sert aussi de caisse de résonance en amplifiant les cris de son propriétaire. Tant mieux, car les dames nasiques semblent apprécier autant les gros nez que les grosses voix !

DES BOIS QUI EN DISENT LONG

Chez le **cerf**, seuls les mâles portent des bois, qui sont différents pour chaque individu. Plus un cerf a de pointes (appelées andouillers ou cors) sur sa ramure, plus il occupe une place élevée dans la hiérarchie du groupe. Avec moins de six cors, on compte pour du beurre ! Chaque année, les bois tombent et d'autres repoussent, plus imposants que les précédents. Un mâle d'une douzaine d'années peut ainsi arborer des bois à seize cors. Les femelles et les autres mâles savent que la taille de la ramure est proportionnelle à la force de son propriétaire. Et ça, c'est important, surtout à l'automne, quand ces messieurs paradent, se défient et s'affrontent. C'est souvent le cerf aux bois les plus développés et les mieux préservés qui gagne la bataille… et le cœur des femelles !

DES SUMOS À TROMPE

À la naissance, le bébé **éléphant de mer** mesure plus de 1 m de long et pèse déjà 35 kg. Nourris de lait maternel bien gras, puis de poissons et de céphalopodes, les jeunes mâles finissent par dépasser les 3 m de long et les 800 kg de leur mère. Les mâles adultes peuvent atteindre 3 tonnes. Ils se distinguent aussi des juvéniles et des femelles par leurs énormes narines qui ressemblent à une trompe et qu'ils peuvent gonfler pour impressionner un rival ou un jeune mâle qui s'approcherait de trop près. Pendant la période de reproduction, les mâles adultes s'affrontent dans des combats violents, souvent sanglants. Les jeunes mâles les observent de loin et s'entraînent entre eux.

LA LICORNE DES MERS

Le **narval** n'a que deux canines. Chez les femelles et les jeunes, elles sont à l'intérieur de la bouche et on ne les voit pas. Mais à la puberté, la dent de gauche des mâles se met à pousser à travers leur lèvre supérieure. Elle s'enroule en torsade et atteint jusqu'à 3 m de long. Ce n'est guère pratique, mais c'est impressionnant. Ce sont d'ailleurs les mâles à la dent la plus longue qui ont le plus de succès auprès des femelles.

L'anguille d'Europe

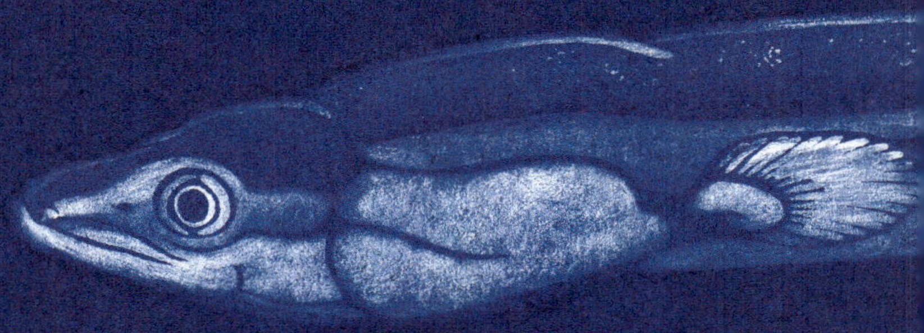

Pendant des siècles, on ignorait où les anguilles passaient leur jeunesse. On sait désormais où et comment leurs fines larves transparentes, appelées leptocéphales, se transforment en un gros poisson noir en forme de serpent.

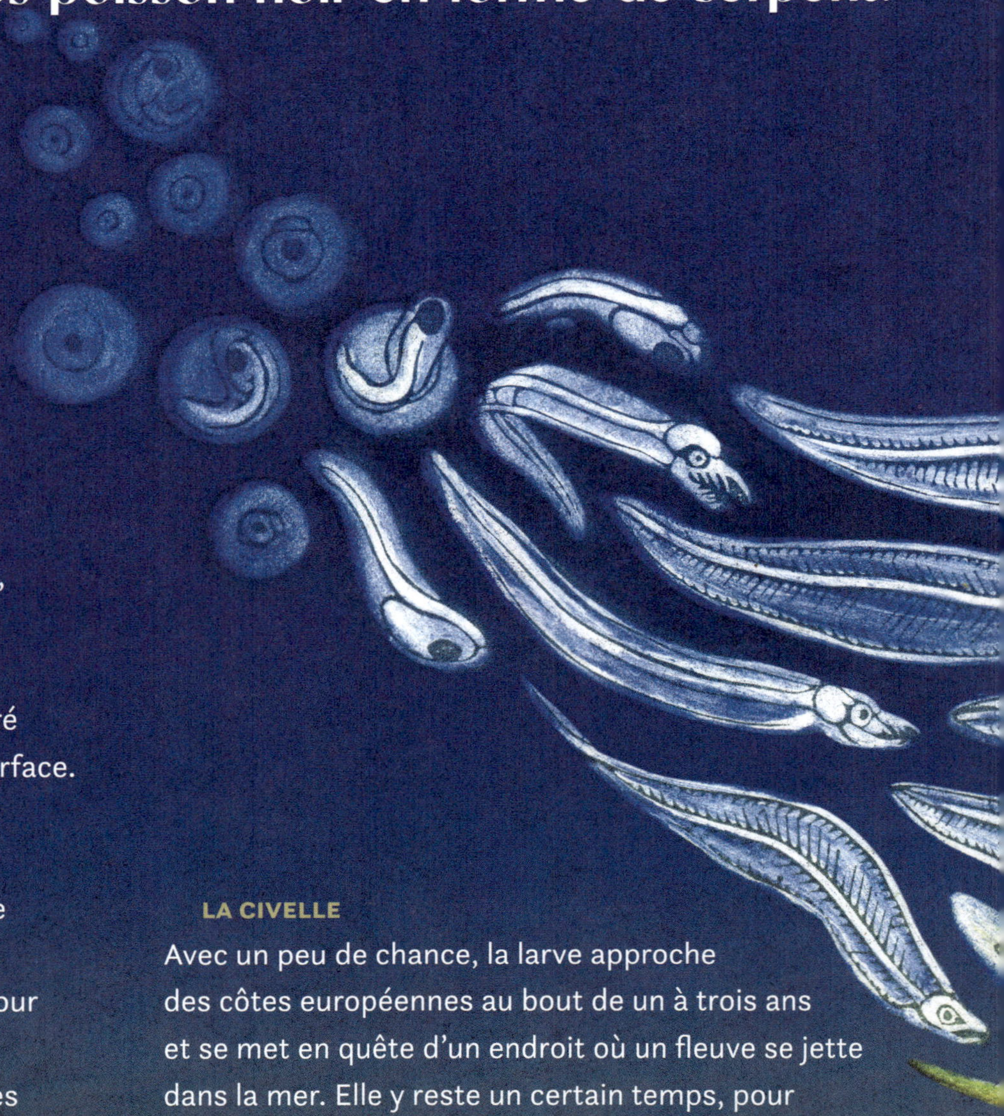

L'ŒUF

La vie de l'anguille commence par un drame familial. Quand les larves sortent de leurs œufs, les cadavres de leurs parents gisent déjà depuis quelques jours à des kilomètres de profondeur au fond de la mer des Sargasses, dans l'ouest de l'océan Atlantique. Après un périple épuisant, la femelle a pondu des millions d'ovules, que les spermatozoïdes du mâle ont fécondés en pleine mer. Les œufs ont ensuite dérivé au gré du courant, à une centaine de mètres sous la surface.

LE LEPTOCÉPHALE

Le leptocéphale qui vient d'éclore n'a pas encore la force de chercher à manger. Heureusement, son ventre contient une réserve de nourriture pour lui permettre de tenir pendant quelques jours. Il dispose bientôt de deux grands yeux et de fines dents pour croquer les détritus de plantes ou d'animaux microscopiques qui tombent vers le fond ou le microplancton qui passe à sa portée. Toujours emportée par le courant, la larve grossit. Son corps aplati, avec une toute petite tête, ressemble à une longue feuille d'arbre. Comme il est transparent et que son sang est incolore, elle est quasiment invisible.

LA CIVELLE

Avec un peu de chance, la larve approche des côtes européennes au bout de un à trois ans et se met en quête d'un endroit où un fleuve se jette dans la mer. Elle y reste un certain temps, pour s'habituer. En quelques jours, elle prend la forme d'une anguille longue comme le petit doigt, mais encore fine et transparente, ce qui lui vaut le nom d'« anguille de verre » dans certaines langues. En français, on l'appelle civelle à ce stade de développement.

L'ANGUILLE JAUNE

La jeune anguille remonte le cours d'eau. Ayant atteint la taille d'un stylo, elle prend une couleur jaune d'or. Elle s'installe dans une rivière, un lac ou un étang pour de nombreuses années.

NOM FRANÇAIS DE L'ESPÈCE : anguille d'Europe
NOM SCIENTIFIQUE : *Anguilla anguilla*
HABITAT : eaux côtières ou douces d'Europe, océan Atlantique (œufs et larves)
NOMBRE D'ŒUFS : plus d'un million
STADE LARVAIRE : de 7 mois à 3 ans environ
LONGUEUR DE LA LARVE : jusqu'à 7 cm
STADE CIVELLE : de 1 à 6 mois environ
LONGUEUR DE LA CIVELLE : jusqu'à 10 cm
LONGUEUR DE L'ADULTE : jusqu'à 50 cm (mâle), jusqu'à 1 m (femelle)
LONGÉVITÉ : entre 7 et 30 ans, mais une anguille a vécu jusqu'à 88 ans dans un aquarium en Suède

RETOUR À LA CASE DÉPART

Quand les anguilles jaunes sont assez grosses et assez grasses, elles se préparent à retourner dans la mer des Sargasses pour se reproduire. Leurs yeux grossissent, leur ventre passe du jaune d'or au blanc argenté (on les appelle alors anguilles argentées), leur estomac et leur intestin s'atrophient. Elles n'en auront plus besoin, car elles ne s'alimenteront plus pendant les dix mois de ce long voyage dans les profondeurs de l'océan. Elles n'auront pas le temps de chasser, la priorité est d'atteindre les sites de reproduction. Tu sais déjà comment se termine leur histoire…

La plie commune

À l'âge adulte, la plie commune (ou carrelet) a une drôle d'allure avec son corps aplati, sa bouche tordue et ses deux yeux du même côté. Pourtant, elle a d'abord ressemblé à un petit poisson tout ce qu'il y a de plus normal !

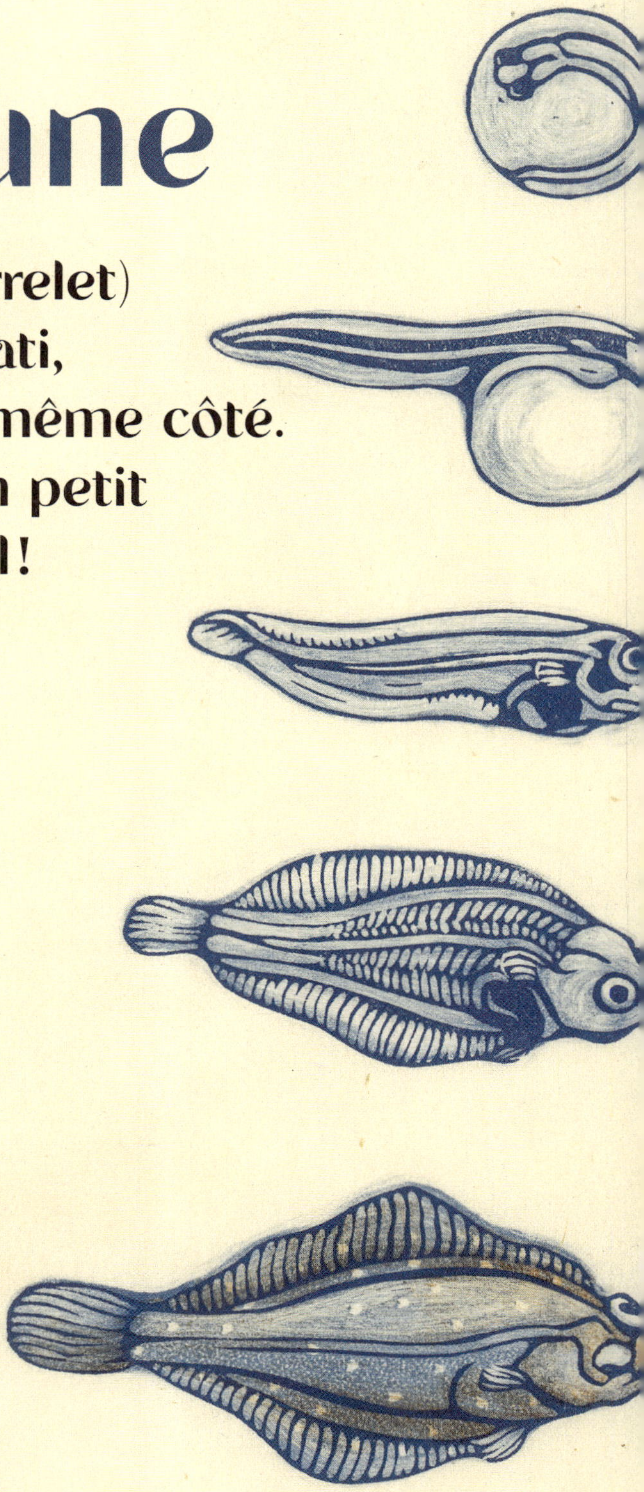

L'ŒUF

Juste après la ponte, l'œuf est gros comme une tête d'épingle et un peu plus dense que l'eau de la mer. Dès qu'il est fécondé, il gonfle, devient plus léger et flotte entre deux eaux. Les parents ont choisi l'endroit idéal pour se reproduire, là où le courant emportera les œufs vers la côte. Enroulé dans son enveloppe transparente, l'embryon se développe.

LA LARVE

Après être sortie de l'œuf en se tortillant, la larve étire son corps pas plus long qu'un grain de riz. Dans son ventre, elle a une grosse poche remplie de réserves nutritives. Au fur et à mesure qu'elle les utilise et que ce sac vitellin se vide, ses muscles grossissent et sa bouche devient fonctionnelle. La larve s'est transformée en un petit poisson de forme allongée, avec un œil de chaque côté du corps.

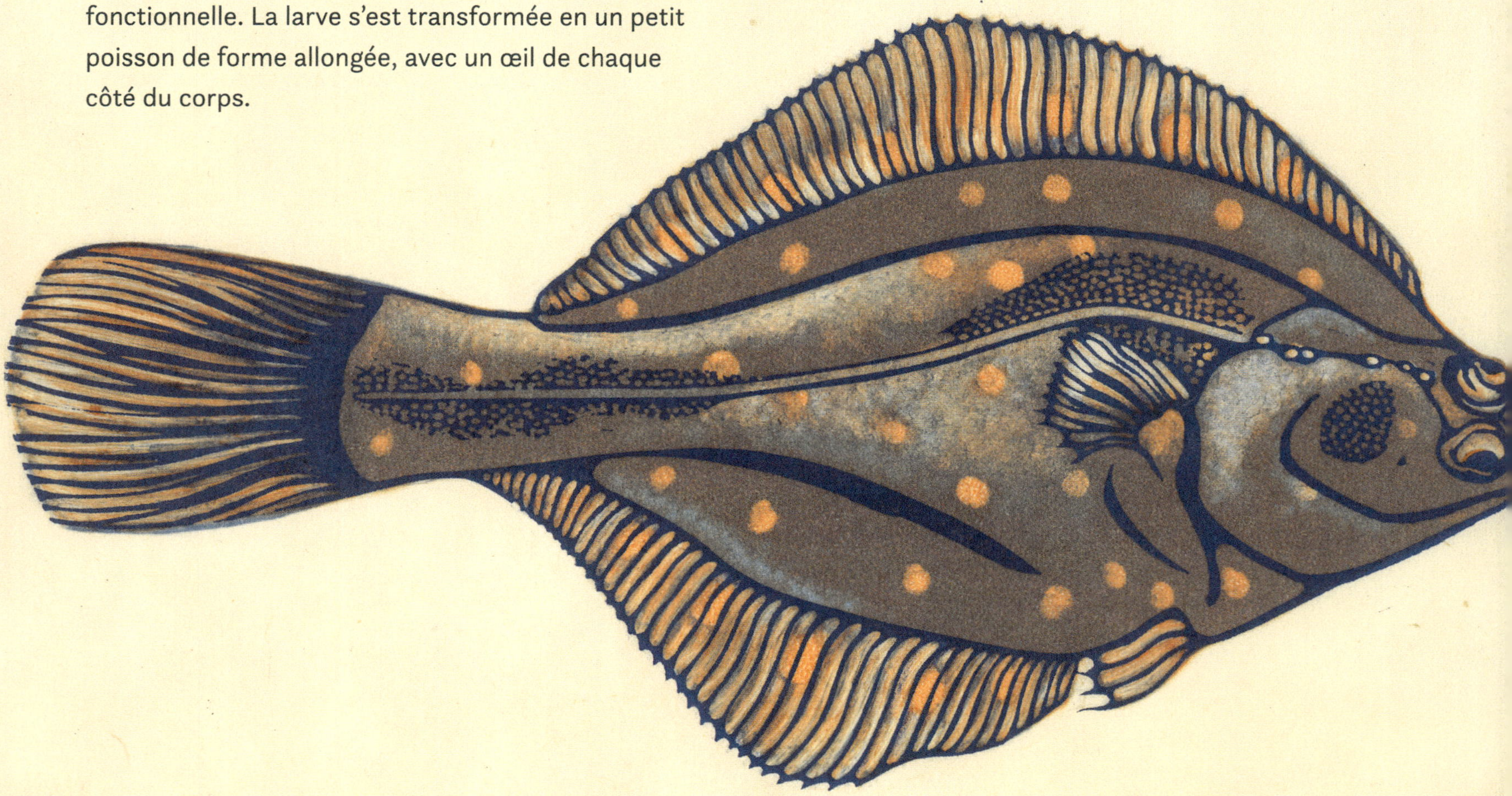

POINT DE RENDEZ-VOUS
Lorsque l'eau de mer est à une température de 6 °C, les plies adultes quittent leur aire d'alimentation pour se rassembler sur le site de ponte. Tous les deux jours, les femelles libèrent des nuages d'ovules (de quelques milliers à plusieurs dizaines de milliers à la fois) et, les mâles, leurs spermatozoïdes. Au bout d'un mois, la faim se fait sentir et tout le monde rentre au bercail.

L'ALEVIN

L'alevin (poisson juvénile) se nourrit de petits animaux marins. Il grossit mais n'est pas assez fort pour nager à contre-courant. Tant mieux : au bout d'un mois, il atteint sa destination, les eaux peu profondes près des côtes. Il change progressivement de forme, son corps s'aplatit et son œil gauche commence à se décaler vers le côté droit de sa tête (incroyable, non ?). Le jeune poisson nage de plus en plus penché. Deux semaines plus tard, ses yeux sont tous les deux du côté droit de son corps.

L'ADULTE

Il descend vers le fond, où il restera jusqu'à la fin de sa vie. Qu'il nage ou qu'il soit à moitié enfoui dans le sable – son activité préférée –, le côté gauche de son corps est toujours vers le bas. Le droit passe du blanc au beige (idéal pour se camoufler dans les fonds sableux). La plie n'est encore pas plus grosse que l'ongle du pouce, mais il ne lui reste plus qu'à grandir. Ses yeux et sa bouche ont pris leur place habituelle. Enfin, pour une plie. Parce que pour nous, elle a quand même une drôle de tête !

NOM FRANÇAIS DE L'ESPÈCE : plie commune
NOM SCIENTIFIQUE : *Pleuronectes platessa*
AIRE DE RÉPARTITION : mer du Nord et mers côtières d'Europe
NOMBRE D'ŒUFS PAR AN : jusqu'à 600 000
STADE LARVAIRE : environ 2 mois
LONGUEUR DE LA LARVE : jusqu'à 15 mm
LONGÉVITÉ DE L'ADULTE : jusqu'à 50 ans
LONGUEUR DE L'ADULTE : jusqu'à 1 m
POIDS DE L'ADULTE : jusqu'à 7 kg

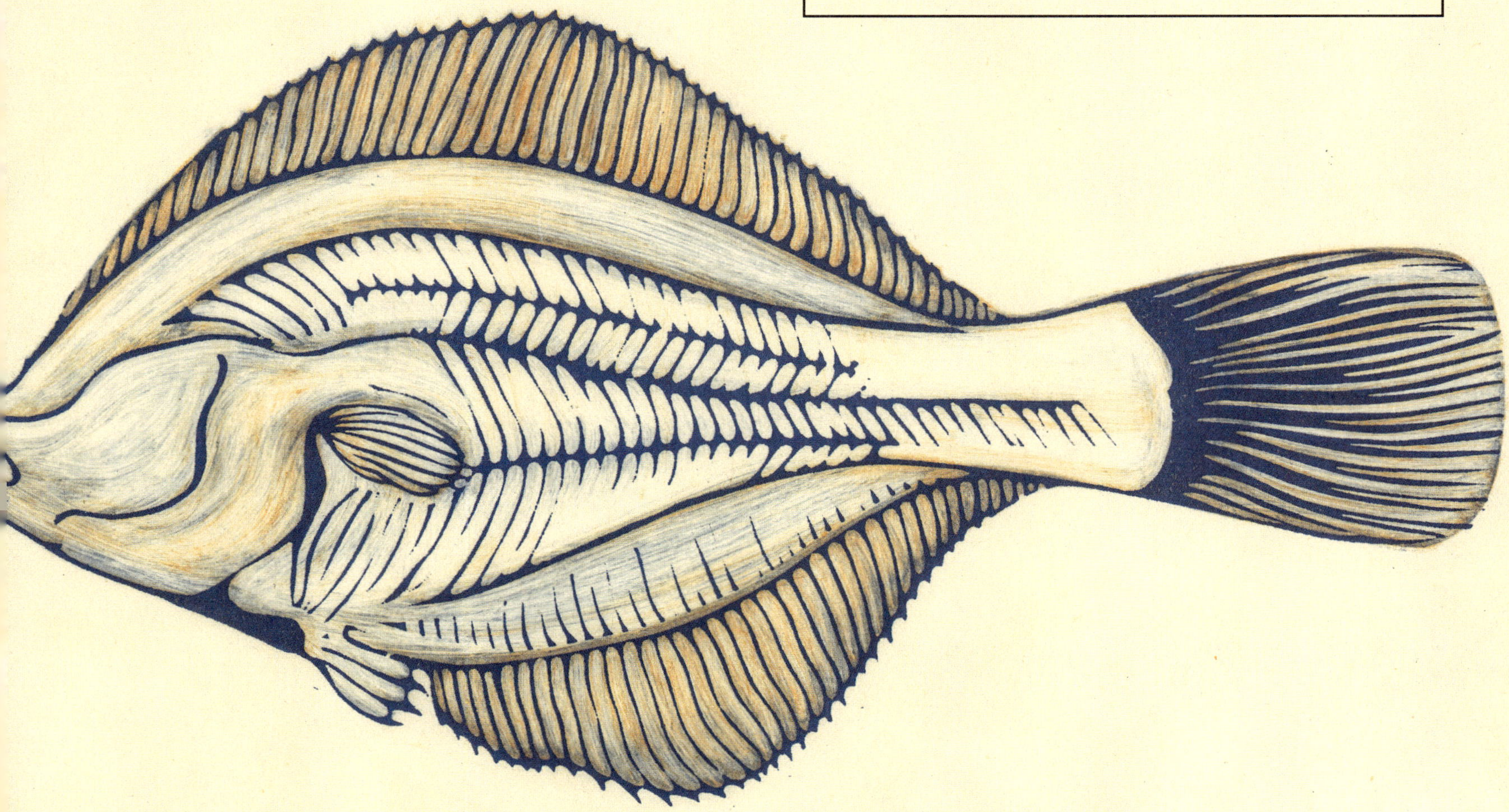

Le poisson-ange empereur

Ce poisson impérial règne sur son territoire dans les récifs coralliens. Mais il faut quelques années avant que l'empereur endosse ses habits neufs.

L'ŒUF

La vie d'un poisson-ange empereur débute humblement, sous la forme d'un œuf de la taille d'un grain de sable. Heureusement, le courant l'emporte loin du récif de corail où vivent ses parents, mais aussi de nombreux prédateurs en tous genres.

LA LARVE

La larve éclôt dans la journée. Elle ne dépasse guère un millimètre de long et son ventre contient des réserves de nourriture – heureusement, parce qu'elle ne sait pas encore nager. Elle gobe au hasard tout ce qui passe à sa portée en espérant ne pas se faire avaler elle-même. Fait étonnant, tous les poissons-anges empereurs naissent femelles et certaines se transforment en mâles en vieillissant.

LE JUVÉNILE

Quelques semaines plus tard, la larve est devenue un alevin capable de nager. Il a donc plus de chances de trouver de la nourriture et d'échapper aux prédateurs. Son corps, orné de superbes cercles blancs et bleu vif sur fond bleu marine, se développe en hauteur et en longueur, mais ne s'élargit guère.

DES PARENTS PRÉVOYANTS
Pour se reproduire, le couple s'éloigne du récif corallien et remonte vers la surface. La femelle libère ses ovules et, le mâle, ses spermatozoïdes. Les œufs fécondés flotteront entre deux eaux pendant que les parents regagnent leur barrière de corail.

LE PETIT EMPEREUR

Le jeune poisson broute des algues et des animaux minuscules fixés aux coraux. Lorsqu'il a atteint la taille d'un CD, il commence à changer de couleurs : sa nageoire caudale transparente devient jaune, les cercles bleus et blancs sont remplacés par de magnifiques rayures bleues et jaunes.

LA FORMATION DES COUPLES

Il est temps pour la femelle de trouver un partenaire avec un bel empire corallien. Madame sélectionne le mâle le plus séduisant... ou plutôt celui qui a le plus beau territoire, avec de la nourriture en abondance. Si celui-ci cohabite déjà avec une femelle, ce n'est pas un problème : certains mâles en ont jusqu'à cinq. L'empereur et son harem défendent leur territoire contre leurs congénères.

L'EMPEREUR EST MORT, VIVE L'IMPÉRATRICE !

Si le mâle meurt, une drôle de transformation se produit chez la femelle, ou s'il y en avait plusieurs sur le même territoire, chez la plus grande : elle se change progressivement en mâle.

NOM FRANÇAIS DE L'ESPÈCE : poisson-ange empereur
NOM SCIENTIFIQUE : *Pomacanthus imperator*
HABITAT : récifs coralliens de la mer Rouge, de l'océan Indien et de l'océan Pacifique
NOMBRE D'ŒUFS PAR PONTE : environ 200 000
STADE LARVAIRE : quelques semaines
STADE JUVÉNILE : entre 2 et 4 ans
LONGUEUR DU JUVÉNILE : jusqu'à 15 cm
LONGÉVITÉ DE L'ADULTE : jusqu'à 15 ans
LONGUEUR DE L'ADULTE : jusqu'à 40 cm
POIDS DE L'ADULTE : jusqu'à 1,5 kg

La grenouille rousse

Tu as peut-être déjà vu des têtards nager dans une mare. Même s'ils ne ressemblent pas du tout à leurs parents, ils finiront par devenir de vraies grenouilles.

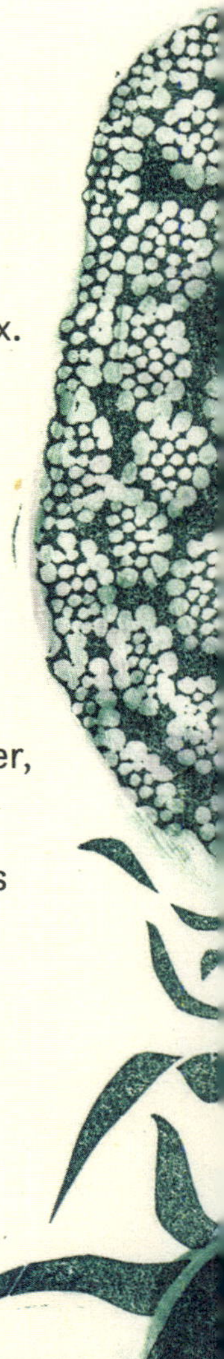

L'ŒUF

Dans le ventre de la femelle, les ovules ne sont pas entourés d'eau et prennent donc moins de place. En revanche, dès qu'elle expulse ces petites billes noires entourées d'une enveloppe transparente, elles se gorgent d'eau et forment un amas gélatineux sur lequel le mâle libère ses spermatozoïdes. Les œufs fécondés grossissent et s'allongent rapidement. Au bout d'une semaine, on peut voir l'embryon bouger à l'intérieur.

LE TÊTARD SANS PATTES

Ce qui sort de l'œuf ressemble plus à un mini-poisson qu'à une grenouille. Les filaments de chaque côté de sa tête ne sont pas des pattes, mais des branchies. Le têtard se fraie un passage entre les œufs et reste un certain temps la bouche collée sur l'amas gélatineux. Il s'installe ensuite sur une plante aquatique, dont il racle les algues avec sa bouche râpeuse. Il change de « pâturage » de temps en temps.

LE TÊTARD À DEUX PATTES

Grâce à ce régime végétarien très nourrissant, le têtard grandit rapidement. Il a une grosse tête et une longue queue. Ses branchies deviennent internes et sur son abdomen apparaissent deux bosses qui finiront par donner ses pattes arrière.

LE TÊTARD À QUATRE PATTES

Quelques semaines plus tard, il lui pousse aussi des pattes avant. Son corps devient plus anguleux. Il commence à ressembler à une grenouille.

LA GRENOUILLETTE

Une fois que sa queue a disparu, le têtard est devenu une vraie grenouille, certes encore minuscule, mais avec tout ce qu'il lui faut : des pattes pour sauter, des poumons pour respirer, de bons yeux et une bouche avec des dents pour capturer des vers, des moucherons et autres petits animaux. La voilà prête à bondir hors de sa mare.

NOM FRANÇAIS DE L'ESPÈCE : grenouille rousse | **NOM SCIENTIFIQUE :** *Rana temporaria*
AIRE DE RÉPARTITION : une grande partie de l'Europe, près d'un point d'eau douce
NOMBRE D'ŒUFS : jusqu'à 4 500 | **STADE EMBRYONNAIRE :** entre 10 et 14 jours, jusqu'à 4 semaines en eau froide
STADE LARVAIRE : 14 semaines environ | **TAILLE DU TÊTARD :** jusqu'à 45 mm
LONGÉVITÉ DE L'ADULTE : jusqu'à 12 ans | **LONGUEUR DE L'ADULTE :** jusqu'à 8 cm (mâle) ou 11 cm (femelle)

UN MÂLE TRÈS COLLANT

Les grenouilles rousses sortent de leur sommeil hivernal vers le mois de mars. Après s'être étirées, elles bondissent dans l'herbe pour retourner dans la mare où elles ont grandi. Le mâle monte sur le dos de la femelle et se cramponne à elle avec ses pattes. Il ne lâchera prise qu'une fois qu'elle aura pondu dans l'eau.

Vêtements pour bébés

Si certains animaux, comme les zèbres et les tigres, portent des rayures dès leur naissance, d'autres quittent leur pyjama rayé en grandissant.

DES BOULES DE PLUME

Les jeunes **grèbes huppés** sont très mignons avec leur plumage zébré de noir et de blanc et leur tache rouge sous l'œil. Ils savent déjà nager, mais préfèrent souvent s'installer tranquillement sur le dos de leurs parents. C'est moins fatigant, mais aussi plus sûr. Un brochet ne ferait qu'une bouchée de ces petites boules de plumes. Leur tactique de transport est efficace, car les canards, qui ne l'utilisent pas, perdent beaucoup de leurs petits, dévorés par des prédateurs. Heureusement, ils pondent aussi beaucoup plus d'œufs au départ.

À CHAQUE ÂGE SON PELAGE

Pendant les premiers six mois de sa vie, le **sanglier** a un pelage rayé. Ses bandes brunes sur fond beige permettent au petit marcassin de passer inaperçu. C'est donc plutôt une tenue de camouflage qu'un pyjama. Les bandes s'atténuent peu à peu. Entre six mois et un an, le jeune, devenu grand et fort, porte un pelage roux, puis, une fois adulte, des poils noirs et hirsutes. Il vaut mieux ne pas déranger un sanglier, surtout les mâles, qui ont des défenses redoutables.

DES REQUINS DÉGUISÉS

En voyant un **requin zèbre** adulte, on pourrait se demander pourquoi il porte ce nom, puisqu'il est gris-vert avec des points marron. Le mystère s'éclaircit dès qu'on croise des juvéniles, rayés de noir et de blanc comme le zèbre. Mais leur longue queue et leur façon de nager en se tortillant font surtout penser au tricot rayé, un serpent de mer très venimeux, que les dauphins et autres prédateurs marins évitent soigneusement, ainsi que tout ce qui lui ressemble de près ou de loin. Grâce à leur déguisement à rayures, les jeunes requins zèbres peuvent grandir tranquilles, sans crainte de se faire attaquer. Lorsqu'ils auront acquis leur aspect adulte moins menaçant, ils seront assez grands pour se défendre.

UN PÈRE ATTENTIF

Chez l'**émeu**, le cousin australien à l'air sévère de l'autruche, c'est le mâle qui s'occupe des jeunes. Et il ne ménage pas sa peine. Il s'accouple souvent avec plusieurs femelles, qui pondent d'énormes œufs vert foncé avant de prendre la poudre d'escampette. Dans le nid qu'il a construit sur le sol, le mâle en couve parfois plus d'une vingtaine pendant huit semaines, sans rien manger pendant tout ce temps. Lorsqu'ils éclosent, il a fort à faire avec ses nombreux poussins. Jusqu'à trois mois, ceux-ci n'ont pas encore le plumage gris-brun de leurs parents, mais un costume à rayures qui leur permet de passer inaperçus dans les herbes sèches. Pour plus de sécurité, leur père les surveille attentivement pendant près d'un an.

ATTENTION, POISON !

La chenille du **papillon goutte de sang** arbore des anneaux jaune-orangé et noirs très caractéristiques. Impossible de la confondre avec d'autres chenilles ! On ne la trouve que sur le séneçon jacobée, une plante toxique pour beaucoup d'animaux – mais pas pour elle, qui s'en délecte. Mieux, elle extrait le poison de son intestin et le stocke dans des parties de son corps où il ne peut pas lui faire de mal. En revanche, le prédateur qui la croquerait s'empoisonnerait sur-le-champ. Les rayures contrastées de la chenille sont un avertissement : « Ne me mangez pas, je suis venimeuse ! ».

DES RAYURES UTILES

Outre sa fonction de camouflage, le pyjama à rayures du jeune **tapir** a peut-être aussi un autre avantage : les tapirs adultes vivent en solitaire dans les forêts et les rencontres entre congénères se soldent généralement par un combat… ou un accouplement. Le pelage rayé des juvéniles signalerait donc aux adultes qu'ils ne représentent ni un rival ni un partenaire potentiels.

L'albatros hurleur

Avant de devenir l'oiseau à la plus grande envergure du monde, l'albatros hurleur (ou grand albatros) est un poussin sans défense nourri par ses parents.

L'ŒUF

Une fois tous les deux ans, le mâle et la femelle se retrouvent à leur point de rendez-vous habituel, sur une île glaciale au milieu de l'océan Austral. Après s'être donné de petits coups de bec affectueux, ils s'accouplent. La femelle pond un œuf très allongé, qu'elle couve à tour de rôle avec le mâle. Durant chaque période de couvaison, qui dure environ deux semaines, le parent concerné perd plus d'un kilo. Il doit ensuite manger assez pour reprendre son poids.

UN GROS POUSSIN DUVETEUX

Au bout de onze semaines, le petit est prêt à éclore. Il perce un trou dans sa coquille, mais met souvent plusieurs jours pour en sortir. Les premiers temps, l'un des parents reste près de ce gros poussin couvert d'un duvet blanc, tandis que l'autre va pêcher des poissons et des céphalopodes, qu'il revient régurgiter dans le petit bec affamé. Les premières semaines, le poussin est nourri tous les jours, par la suite, ce sera moins souvent mais en plus grande quantité à la fois.

UN POUSSIN GÉANT

À l'âge d'un mois, le jeune peut rester seul. Il ne fait pas grand-chose d'autre que d'attendre, manger et grossir bien au chaud sous son épais duvet. Les parents lui ramènent maintenant une double ration. Pendant huit mois environ, ils parcourent des dizaines de milliers de kilomètres pour rapporter à leur petit une centaine de kilos de nourriture au total. Mais le résultat en vaut la peine : le poussin est devenu énorme, et un quart plus lourd que ses parents.

VOLER DE SES PROPRES AILES

Environ huit mois après l'éclosion, ceux-ci l'abandonnent, sans nourriture. Les jours suivants, les os et les muscles du petit albatros se développent et ses vraies plumes poussent. Il brûle ses graisses et son poids diminue pour atteindre celui d'un albatros adulte. Après quelque temps, il déploie ses grandes ailes. Il est déjà capable de nager, de planer et de pêcher, mais il n'est pas encore adulte. Il lui faudra encore attendre de nombreuses années pour que son plumage tacheté soit remplacé par une livrée blanche.

UN COUPLE FIDÈLE

Les jeunes albatros ne retournent sur leur île natale qu'au bout de cinq ans environ. Les couples se forment et se retrouveront tous les deux ans au même endroit. L'accouplement n'a lieu qu'après plusieurs années de parades nuptiales.

NOM FRANÇAIS DE L'ESPÈCE : albatros hurleur | **NOM SCIENTIFIQUE :** *Diomedea exulans*
AIRE DE RÉPARTITION : océan Austral | **NOMBRE D'ŒUFS :** 1 tous les deux ans | **COUVAISON :** environ 11 semaines | **POIDS À L'ÉCLOSION :** environ 350 g | **ENVOL DU NID :** entre 7 et 10 mois
POIDS DE L'ADULTE : entre 6 et 12 kg | **ENVERGURE DE L'ADULTE :** entre 2,5 et 3,5 m
LONGÉVITÉ : jusqu'à 60 ans

L'ara rouge

Si l'ara rouge arbore un magnifique plumage multicolore quand il est adulte, l'oisillon naît déplumé. Il ne quittera le nid que plusieurs semaines après l'éclosion, une fois devenu présentable.

L'ŒUF

Nourris par le jaune des œufs, protégés par la coquille et couvés par leur mère, les embryons d'aras se développent tranquillement. Pendant ce temps, le mâle ravitaille la femelle en nourriture et repousse tous ceux qui s'approchent un peu trop près de leur nid dans un arbre.

PREMIÈRES PLUMES

Au cours des semaines suivantes, chaque follicule laisse apparaître un minuscule tube blanc qui finira par donner une plume. L'oisillon a déjà plus belle allure, même s'il a encore d'énormes pattes par rapport à son corps.

DES OISILLONS NUS ET AVEUGLES

Au bout d'environ 25 jours, les oisillons sont prêts à éclore. Ils ne sont pas très beaux : ils ont un corps déplumé à la peau fripée, une bosse sur la poitrine, des moignons à la place des ailes et leurs yeux sont recouverts de peau. Le tout, y compris leur petit bec fragile, est d'un rose terne.

DES PETITS AFFAMÉS

Le mâle continue le ravitaillement, bientôt secondé par la femelle. Les parents malaxent des noix et des fruits pour en faire une bouillie nourrissante qu'ils régurgitent dans le bec grand ouvert des petits. Ceux-ci grossissent et sont de plus en plus solides sur leurs pattes. Ils ouvrent les yeux au bout de trois semaines. C'est déjà mieux, mais leur peau est désormais hérissée de petits bourgeons, comme s'ils avaient la chair de poule.

PREMIER ENVOL

Trois mois après l'éclosion, les jeunes aras sont aussi gros et presque aussi beaux que leurs parents, à un détail près : les plumes de leur queue doivent encore s'allonger. Ils sont capables de voler – et tant mieux, car le nid est parfois situé à vingt mètres de haut – mais ont beaucoup de mal à trouver de la nourriture. C'est seulement à l'âge d'un an qu'ils pourront vraiment se débrouiller tout seuls.

NOM FRANÇAIS DE L'ESPÈCE : ara rouge | **NOM SCIENTIFIQUE :** *Ara macao* | **HABITAT :** forêts humides de l'Amazonie et de certaines régions d'Amérique centrale | **NOMBRE D'ŒUFS PAR NICHÉE :** entre 1 et 4 | **COUVAISON :** 5 semaines | **POIDS À L'ÉCLOSION :** 25 g **ENVOL :** à environ 3 mois | **POIDS DE L'ADULTE :** 1 500 g **TAILLE DE L'ADULTE :** jusqu'à 90 cm | **LONGÉVITÉ :** jusqu'à 80 ans

MÂLE OU FEMELLE ?

Chez les aras, les mâles et les femelles ne se distinguent ni par leur plumage, qui est magnifique chez les deux sexes, ni par les organes génitaux, car le mâle n'a pas de pénis. Mais les aras eux-mêmes savent faire la différence. Une fois qu'ils ont formé un couple, ils restent ensemble pour la vie. Ils s'accouplent comme la plupart des oiseaux, en plaçant leurs cloaques (orifice urinaire et génital) l'un contre l'autre – ce qui n'est pas une mince affaire quand on a d'aussi longues plumes sur la queue. Une fois l'œuf fécondé dans le ventre de la femelle, sa coquille se forme et il peut être pondu. Il faut attendre au moins trois jours avant la ponte suivante.

Le panda géant

Avec ses yeux fardés de noir, ses oreilles de Mickey et son épaisse fourrure, le panda géant ressemble à une adorable peluche. En revanche, son bébé fait plutôt penser à un petit rat !

LA NAISSANCE

Avant de mettre bas, la femelle panda repère un abri sous un rocher ou un grand arbre creux, qu'elle tapisse de feuilles de bambou. Le bébé passe comme une lettre à la poste, car il est minuscule par rapport à sa mère. Si celle-ci donne naissance à des jumeaux, elle n'allaite que le plus fort, car elle n'aurait pas assez de lait pour deux petits.

UN BÉBÉ TOUT NU

Soyons honnête : quand il naît, le panda n'est pas le plus beau bébé du monde. C'est une drôle de créature rose avec quelques poils clairsemés et une queue très longue en comparaison de son corps. Il est incapable de se maintenir à la bonne température ni d'évacuer ses excréments tout seul : sa mère doit l'aider en lui léchant le ventre – et elle mange ce qu'il élimine. En revanche, le bébé panda sait très bien téter. Pendant plusieurs semaines, sa mère l'allaite et le tient au chaud… sans rien avaler elle-même.

EN ROSE ET NOIR

Au bout d'une semaine, des taches sombres apparaissent sur la peau rose du petit, là où poussera le pelage noir. Ce n'est donc pas un rat, mais bien un panda géant en devenir ! À deux mois, il ouvre les yeux et commence à ramper. Un mois plus tard, il parvient à marcher sur ses pattes arrière et à réguler sa température corporelle. Cela laisse à sa mère le temps d'aller s'alimenter.

MIAM, DU BAMBOU !

À l'âge de cinq mois, le petit pèse une douzaine de kilos. Son pelage laineux, ses yeux ronds et curieux le rendent beaucoup plus mignon. Il tète de moins en moins le lait de sa mère : ses dents de lait ont poussé et lui permettent de grignoter des feuilles et des tiges de bambou. Entre un an et demi et deux ans après la naissance, maman panda commence à s'impatienter. Il est temps pour le jeune d'aller se trouver un territoire dans la forêt de bambous.

NOM FRANÇAIS DE L'ESPÈCE : panda géant
NOM SCIENTIFIQUE : *Ailuropoda melanoleuca*
HABITAT : forêts d'altitude du centre de la Chine
NOMBRE DE PETITS PAR PORTÉE : 1 ou 2
GESTATION : 4 à 5 mois
TAILLE DU PETIT (SANS LA QUEUE) : jusqu'à 17 cm
POIDS DU PETIT : 85 à 140 g
TAILLE DE L'ADULTE (SANS LA QUEUE) : jusqu'à 150 cm
POIDS DE L'ADULTE : jusqu'à 125 kg
LONGÉVITÉ : jusqu'à 30 ans

UNE RELATION DE COURTE DURÉE

Les pandas géants adultes sont plutôt solitaires, mais ils sont bien obligés de se rencontrer pour s'accoupler. Quand le moment est venu, la femelle pousse des cris particuliers et frotte son arrière-train contre les arbres pour y déposer une substance odorante qui attire les mâles. Si celui qui l'approche lui convient, et si aucun rival ne vient les déranger, ils s'accouplent plusieurs fois par jour. Quelques jours plus tard, chacun repart de son côté.

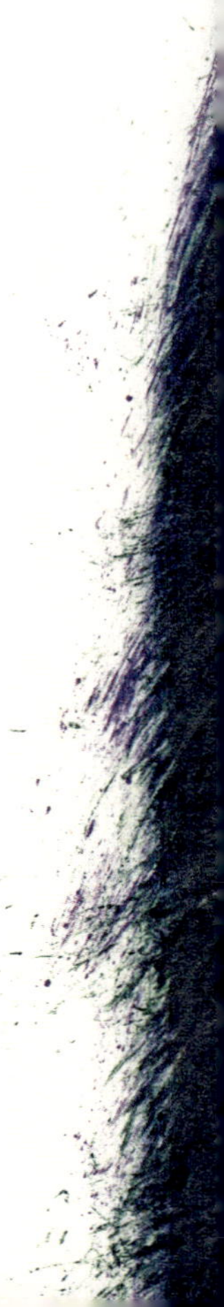

Index

Comment Merlijne réalise-t-elle ses illustrations ?

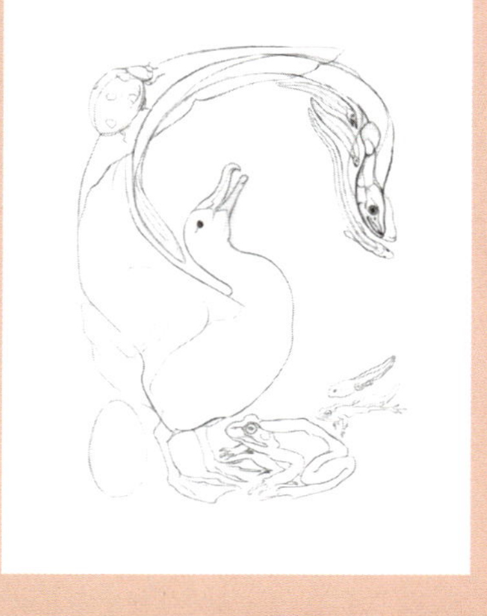

Après avoir lu les textes de Geert-Jan, Merlijne se documente, dans des livres et sur internet, sur les différentes phases de transformations des animaux. Elle fait au crayon des essais de sujets et de compositions dans son carnet de croquis.

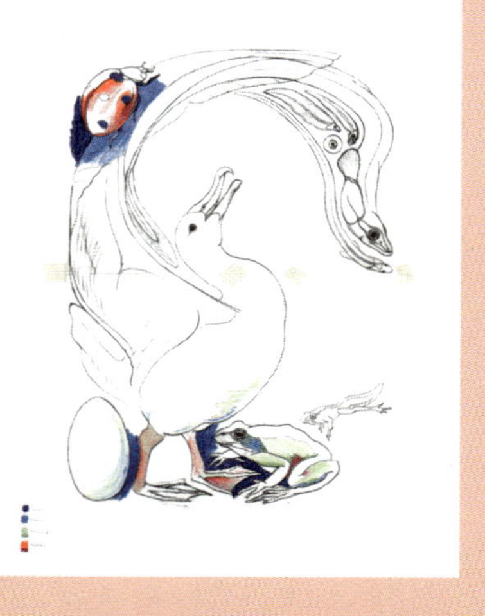

Elle réfléchit aussi aux couleurs qu'elle souhaite utiliser pour chaque dessin et en fait plusieurs esquisses dans son carnet. C'est une étape très importante pour la suite.

Puis elle réalise les linogravures. Elle transpose d'abord son croquis sur un morceau de linoléum (un revêtement de sol), en creusant à l'aide d'outils pointus tout ce qui ne doit pas être imprimé. Après des heures de travail, elle obtient une espèce de tampon géant, où le dessin apparaît inversé et en relief.

Avec un rouleau spécial, Merlijne applique sur le linoléum une encre de couleur foncée (en général du bleu ou du vert) qui donne le ton de l'image, puis elle imprime la linogravure sur une feuille de papier. Comme l'encre ne se dépose pas sur les parties en creux, celles-ci restent blanches.

S'il faut ajouter d'autres couleurs, Merlijne utilise la technique du monotype, qui ne permet qu'une seule impression (*mono* signifie « un seul »). Pour cela, elle mélange des encres afin d'obtenir la couleur souhaitée et elle en enduit une plaque de cuivre. À l'aide d'un pinceau, de chiffons et de cotons-tiges, elle retire l'encre à tous les endroits qui ne doivent pas être colorés. Elle pose alors la feuille portant la linogravure très précisément sur le cuivre et passe le tout dans la presse à imprimer.

Elle répète l'opération pour chaque couleur. La forte pression transfère l'encre du cuivre sur le papier, où les couleurs (sur cet exemple, du bleu vif, du vert et du rouge) se déposent l'une après l'autre. Là où elles se superposent, elles se mélangent.